普通高等教育"十二五"系列教材

U0655688

电子技术课程设计

主编 赵建华 雷志勇

编写 李 静 周 芸 杨建华

主审 王新民

中国电力出版社

CHINA ELECTRIC POWER PRESS

内 容 提 要

本书为普通高等教育"十二五"系列教材。

本书共分 5 章,主要内容包括电子实验电路的安装与调试、常用元件器件及测量方法、课程设计实例、Multisim 在课程设计中的应用、常用仪器设备的简介与使用。此外,附录部分提供了常用元器件功能及引脚简介。本书突出了电子技术实践环节的特点,按照课程设计实践规律分章有序排列。设计题目由浅入深、难易适中,从理论到实践,循序渐进,注重加强对学生基本实验技能与综合设计能力的培养,以及提高学生工程设计与实际动手的能力。

本书可作为普通高等院校电子技术课程设计教材,也可作为从事电子设计工程技术人员的参考用书。

图书在版编目(CIP)数据

电子技术课程设计/赵建华,雷志勇主编. —北京:中国电力出版社,2012.2(2021.11 重印)

普通高等教育"十二五"规划教材

ISBN 978-7-5123-2342-1

Ⅰ. ①电… Ⅱ. ①赵…②雷… Ⅲ. ①电子技术-课程设计-高等学校-教材 Ⅳ. ①TN-41

中国版本图书馆 CIP 数据核字(2011)第 233084 号

中国电力出版社出版、发行

(北京市东城区北京站西街 19 号 100005 http://www.cepp.sgcc.com.cn)

北京雁林吉兆印刷有限公司印刷

各地新华书店经售

*

2012 年 2 月第一版 2021 年 11 月北京第十一次印刷

787 毫米×1092 毫米 16 开本 9.75 印张 235 千字

定价 17.00 元

前　言

　　为了培养 21 世纪工科类电子技术方面高级技术应用型人材的需要，以及适应电子信息时代日新月异的发展步伐，针对《电子技术》理论课开设课程设计的要求而编写了本书。本书是一本综合性的电子技术课程设计教材，根据电子技术基础课程教学大纲的基本原则，结合作者多年的实践教学经验及当前形式下教学改革和教学体系要求编写的。特别说明：本书题目都是经过实践较成熟的作品，且在编写过程中电气图形符号均采用了 GB/T 4728.1～4728.13—1996～2005《电气简图用图形符号》和 DL 5028—1993《电气工程制图标准》。

　　本书满足不同层次理工科学生学习电子综合设计的需求，提供了丰富的电子技术综合设计内容题目。设计题目由浅入深，难易适中，从理论到实践，循序渐进，其目的是将电子技术基础与电子线路设计等课程的理论与实践有机地结合起来，注重加强对理工科学生基本实验技能与综合设计能力的培养，以及提高学生工程设计与实际动手的能力。

　　本书科学合理地阐述了电子技术方面的理论与实际电路知识，并注意用新观点、新思想来审视和阐述经典内容，及时更新教学内容，反映新知识、新技术、新方法。书中提供了"电路的安装与调试"、"常用测量方法"、"实际案例"、"EDA 仿真应用"及"常用设备介绍"等，可指导学生自己动手实验。本书从知识性、适用性方面能紧密联系生活、生产实际，设计内容体现实用性、先进性和教学针对性。

　　本书对学生课程设计的基本要求：

　　(1) 初步掌握一般电子电路分析和设计的基本方法。根据设计任务和指标，确定电路方案，通过设计计算选择元器件，然后安装电路，进行调试，对结果进行分析，提出改进意见，写出设计总结报告。

　　(2) 培养学生一定的自学能力和独立分析、解决问题的能力。要求学生会查阅参考资料、工具书，掌握电路调试的一般规律，掌握电子电路的安装、布线等基本技能。

　　(3) 进一步熟练地掌握常用电子仪器正确的使用方法。要求学生会用电子示波器、直流电源、多用信号源、数字万用表等。

　　本书由西安工业大学老师编写，赵建华、雷志勇担任主编。赵建华、雷志勇、李静、周芸编写了第 3 章，杨建华编写了第 4 章，赵建华、雷志勇编写了第 1、5 章和附录部分。赵建华对全书进行了统稿。

　　本书由西北工业大学自动化学院王新民教授担任主审，对本书提出了很多宝贵意见，在此致谢。

　　由于时间仓促，再加作者水平有限，书中难免有不妥之处，恳请广大读者批评指正。

编　者

2011 年 9 月

目　录

第1章 电子实验电路的安装与调试

在电子电路实验中，通常要将所选元器件按电路工作原理装成一个整体实验电路；或先分装成多个子系统电路，再通过一定的调试手段来发现问题，分析和排除故障，并验证电路的工作原理，必要时修改原先的设计，以完善电路的功能，满足预定的设计要求；有时还需最后装成一个实用的电子设备。可见，安装与调试是从电路设计到实用电子设备的必经阶段，是实验中重要的实践环节。

本章将重点讨论电子实验电路安装与调试的一般方法，以检测电子电路故障的实用技巧，同时还对实用电子装置的布线原则做介绍。这些内容不仅是基础理论，而且也是电子工程技术人员在工作中经常遇到的实际问题，对初学者来说甚为重要。

1.1 实验电路的安装

1.1.1 实验电路的布线

实验电路通常采用双列直插式器件，在通常接插式底板（面板）上用接插的方法进行实验。在面板上安装实验电路，实际是个布线问题。实践证明，实验故障绝大部分是由布线错误产生的。元器件合理的布局，导线整齐而清晰的排列，触点良好而可靠的接触，完全有可能使设计正确的电路一次调试成功。

一、合理布局

在面板上合理布局元器件是十分重要的，尤其是在电路较多时，一般要考虑以下几点。

（1）按信号流向，自输入级到输出级，从左至右或从上至下布置电路。一般将显示器件及驱动电路置于上方，将操作元件（如开关等）置于下方。

（2）接线尽可能短，彼此连线多的器件尽量相邻安置。

（3）尽量避免输出级对输入级的反馈。

（4）振荡器布置于电路一角，避免与其他信号尤其是弱信号的相互干扰。

二、插置元器件

在面板上插入双列直插式集成电路时，要认清方向，切勿倒插。要使集成电路的每个引脚对准插孔，用力要轻而均匀，要防止个别引脚弯曲而造成故障隐患。常用集成电路的引脚排列顺序见附录部分。大多数数字集成电路的左上脚接电源，右下脚接地。实际使用时，应查看手册规定。

拔下集成电路时，应用专用U形夹或用小螺刀对齐片子的两头，不要用手去拔，以避免损坏引脚。

插入标有极性或方向的元件时，应注意不要插反，如电解电容、晶体二极管、晶体三极管、发光二极管等。

三、布线技巧

（1）导线准备。布线用的导线一般用 $\phi0.5mm$ 或 $\phi0.6mm$ 的单股硬线，过细的导线将造成接触不良，而过粗的导线将损坏多孔接插板。最好用色线区别不同用途，一般电源用红线，地线用黑线，导线截取长度要适当，剥离绝缘皮的引线头长度以 5mm 左右为宜，不应有刀痕或弯曲。

（2）布线顺序。布线时应先设置电源线和地线，再处理固定不变的输入端（如空头、异步置 0、置 1 端，预置端等），最后按信号流向依次连接控制线和输出线。

（3）布线要求。布线要求整齐、清晰、可靠，以便于查找故障和更换器件。布线时，导线要贴近底板的表面，在片子周围走线，尽量不要覆盖不用的插孔，切忌将导线跨越片子上空或交错连接。

最好用小镊子将导线插入底板，深度要适宜，保证接触可靠。

（4）布线检查。布线检查最好在布线过程中分阶段进行，如布好电源线和地线后即进行检查，以便及时发现和排除故障。查线时应用三用表直接测量引脚之间通与不通，而不要简单地用目测的方法，以便准确而迅速地发现漏接、错接，尤其是接触不良的故障。

必须说明，除了在多孔插板上安装实验电路外，还可以在通用印制板上焊接实验电路（市场上有多种规格的通用印制板出售，可供选择）。多孔插板和通用印制板相比较，各自的优缺点显而易见。前者可多次使用，无须焊接，但易产生接触不良的故障；后者需要焊接，触点可靠，但一次使用，成本高。

1.1.2 实验电路的工程布线

为了完成实际的电子设备，必须将实验电路制成印制板电路，对于高速数字系统，甚至难以在逻辑箱上进行模拟实验，而必须首先设计印制电路板。有时往往会遇到这样的情况，逻辑电路的设计是正确的，模拟实验也没问题，但在实际工程应用中却会出现错误，其主要原因是抗干扰性能差。电路设计人员在选择集成电路时，必须充分考虑元器件的抗干扰能力，并在布线时遵循以下原则，以尽可能减少由布线不慎而产生的干扰源。

一、合理布置地线

地线就是电路的公共参考点，地线的合理布置是十分重要的，它直接影响到电路的工作性能，尤其在既有模拟信号又有数字信号、既有强信号又有弱信号的电路中，地线的布置是一个相当复杂的技术问题，在很多情况下，要进行实验才能确定正确合理的接地点。这个问题在小型实验中并不突出。

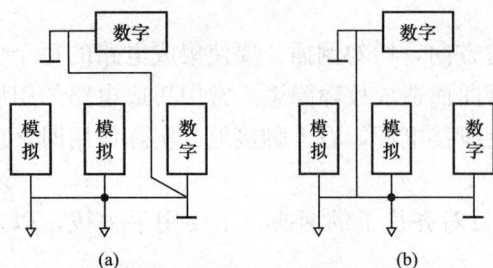

图 1.1.1 一点接地

(a) 正确接法；(b) 不正确接法

布置地线的一般原则如下。

（1）一点接地。在模拟信号和数字信号兼有的电路中，应将模拟地和数字地分别连在一起，然后再将这两个公共点在电路的某一点就近相连。图 1.1.1（a）是正确的接法，图 1.1.1（b）是不正确的接法。

在强信号和弱信号兼有的电路中，输入信号的地线应与输入级的地线直接相连，而不要接在输出级的地端。

（2）外缘布线。地线要布置在印制板的最外缘，且尽可能加粗，可起到一定的屏蔽作用。例如系统工作频率较高，最好用金属裸线来包围电路板，可有效防止干扰信号。

直流电源线布置在地线的内侧，比地线要细，而宽于电路引线。

（3）弱信号（如采样/保持器的输入信号）的地线面积可大些，或可采用地线包围输入信号的方法。

二、去耦

在电源进入底板的入口处，每根电源线都要接旁路电容去耦，电容容量为 $10\sim$ $100\mu\mathrm{F}$，最好再并用一只 $0.01\mu\mathrm{F}$ 的电容，以旁路电源中的高次谐波。每一排集成电路都要加旁路电容，最好每满 6～12 片增加一只电容。电容与集成电路电源引脚的距离尽可能近。

对高速电路，最好在每片电源引脚都加高频去耦，如图 1.1.2 所示。

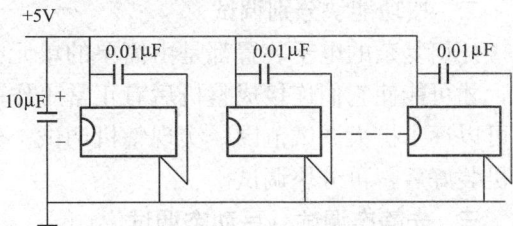

图 1.1.2　高频去偶地接法

三、引线长度要求

引线尽量短，并尽可能避免输出对输入的反馈。

在高速系统中，缩短引线就是缩短信号的传输时间。20cm 长的导线将使脉冲信号产生 1ns 的边沿失真。

时钟信号线不要与其他信号线并行紧靠走线。长线信号线不要同时送至几个门的输入端，必要时可增加驱动门。

1.1.3　焊接工艺

焊接电子元件一般选用 20W 内热式烙铁，焊 MOS 电路时，烙铁外壳要良好接地，使用烙铁时，要防止"烧死"。对新烙铁，要将烙铁头锉成细长斜面或楔形，通电加热后，先上一层松香，再挂锡；长时间烧用的烙铁，最好采取调温措施，不焊时将电源电压降低。焊接电子元件，不要用酸性助焊剂（如焊油等），最好选用带焊剂的焊锡，也可采用松香液（松香加酒精）作中性助焊剂，以免腐蚀电子元件。

焊接质量最重要的是不能有虚焊，必须在焊接前将引线头刮去氧化层，掌握适当的焊接温度和时间，在焊接时不要晃动元件。焊接后，要检查一下元件有无松动。

焊接集成电路插座时，要注意插座的方向，与集成电路的方向一致，检查好所有的引脚都已正确插入后再焊。焊接电子元件要注意电解电容的极性，晶体二极管的方向和晶体三极管的管脚不要接错。

值得注意的是，在焊接印制板上的元器件以前，最好先检查金属化孔是否相通，印制板引线有无断裂或碰线，应及时排除故障隐患。否则，焊上元器件后，再来查找这些故障会是十分困难的。

1.2　电路调试技术

电路调试要求掌握常用仪器设备的使用方法和一般的实验测试技能，如果需要可以参看本书的第 6 章，学习常用仪器的使用方法。调试中，要求理论和实际相结合，既要掌握书本知识，又要有科学的实验方法，才能顺利地进行调试工作。本节只就一般调试步骤和方法做介绍。

1.2.1　实验电路的一般调试方法

实验电路安装完毕后，一般按以下步骤进行调试。

一、检查电路

对照电路图检查电路元器件是否连接正确，器件引脚、二极管方向、电容极性、电源线、地线是否接对；连接或焊接是否牢固；电源电压的数值和方向是否符合设计要求等。

二、按功能块分别调试

任何复杂的电子装置都是由简单的单元电路组成，把每一部分单元电路调试得能正常工作，才可能使它们连接成整机后有正常工作的基础。所以先分块调试电路既容易排除故障，又可以逐步扩大调试范围，实现整机调试。分块调试可以装好一部分就调试一部分，也可以整机装好后，再分块调试。

三、先静态调试，后动态调试

调试电路不宜一次加电源同时又加信号进行电路实验。由于电路安装完毕之后，未知因素太多，如接线是否正确无误，元件、器件是否完好无损、参数是否合适、分布参数影响如何等，都需从最简单的工作状态开始观察、测试。所以，一般是先加电源不加信号进行调试，即静态调试；工作状态正确后再加信号进行动态调试。

四、整机联调

每一部分单元电路或功能块工作正常后，再联机进行整机调试。调试重点应放在关键单元电路或采用新电路、新技术的部位。调试顺序可以按信息传递的方向或路径，一级一级地测试，逐步完成全电路的调试工作。

五、指标测试

电路能正常工作后，立即进行技术指标的测试工作。根据设计要求，逐个检测指标完成情况。未能达到指标要求，需分析原因，找出改进电路的措施，有时需要用实验测试的办法，来达到指标要求。

1.2.2　数字电路调试中的特殊问题

数字电路中的信号多数是逻辑关系，集成电路的功能一般比较定型，通常在调试步骤和方法上有其特殊规律。

（1）调整好定时电路，以便为数字系统提供标准的时钟脉冲和各种定时信号，包括脉冲振荡器、脉冲变换电路，如单稳态触发器、施密特触发器等。

（2）调整控制电路部分，控制电路产生数字系统所需的各种控制信号，使电路能正常、有序地工作，包括顺序脉冲分配器、分频器等。

（3）调整信号处理电路，如寄存器、计数器、选择电路、编码和译码电路等。这些部分都能正常工作之后，再相互连接检查电路的逻辑功能。

（4）调整模拟电路，用来放大模拟信号，或进行模数信号间的转换，如运算放大器、比较器、A/D转换器、D/A转换器等。

（5）调整接口电路、驱动电路、输出电路以及各种执行元件或机构，保证实现正常的功能。

（6）系统连调。

数字电路集成器件引脚密集，连线较多，各单元之间时序关系严格，出现故障后不易查找原因。因此，调试中应注意以下问题。

（1）注意元件类型，如果有 TEL 电路，又有 CMOS 电路，还有分立元件，注意检查电源电压是否合适，电平转换及带负载能力是否符合要求。

（2）注意时序电路的初始状态，检查能否自启动。各集成电路辅助引脚、多余引脚是否处理得当等。

（3）注意检查容易出现故障的环节，掌握排除故障的方法。出现故障时，可从简单部分逐级查找，逐步缩小故障点的范围；也可以从某些预知点的特性进行静态或动态测试，判断故障部位。

（4）注意各部分的时序关系。对各单元电路的输入和输出波形的时间关系要十分熟悉。应对照时序图，检查各点波形，弄清哪些是上升沿触发，哪些是下降沿触发，以及它和时钟信号的关系。

1.2.3　模拟电路调试需注意的问题

一、静态调试

模拟电路加上电源电压后，器件的工作状态是电路能否正常工作的基础。所以调试时一般不接输入信号，首先进行静态调试。有振荡电路时，也暂不要接通。测试电路中各主要部位的静态电压，检查器件是否完好、是否处于正常的工作状态。若不符合要求，一定要找出原因并排除故障。

二、动态调试

静态调试完成后，再接上输入信号或让振荡电路工作，各级电路的输出端应有相应的信号输出。线性放大电路不应有波形失真；波形产生和变换电路的输出波形应符合设计要求。调试时，一般是由前级开始逐级向后检测，这样比较容易找出故障点，并及时调整改进。如果有很强的寄生振荡，应及时关闭电源采取消振措施。

1.3　故障检测的一般方法

1.3.1　故障

任一电子电路，总要实现一定的功能，如果电路设计是正确的，而在调试中出了问题，不能实现预定的功能，则必然存在故障。一般地说，电路或系统的输出响应失常就叫存在故障。任一装置只有在通过了规定的重复性试验，经受了实际工作条件（如抗干扰、环境温度等）的检验之后，才能说电路是无故障的。

1.3.2　故障源

电路或系统的故障来源一般有以下几种。

1. 布线错误

如错接、漏接、碰接、断线、印制板引线断裂、触点虚焊等，这类故障几乎占实验电路故障的绝大部分。

2. 元器件使用不当或功能不正常

如将集成电路倒插、错插或个别引脚弯曲、电解电容极性接反、晶体管引脚颠倒等；有时集成电路已部分损坏、功能不正常等。

3. 电源和公共地有问题

电源电压极性和数值不合要求或根本没接通，公共地未连在一起（尤其是在使用多种电源时）。

4．接插件质量有问题

如多孔接插板插孔松动、印制板插座或其他接插件接触不可靠、印制板金属化孔不通等。

5．电路设计有问题或布线不妥

（1）集成电路电气参数使用不当。例如数字电路中设计者往往侧重考虑电路的逻辑功能是否正确，而容易忽略器件的电气参数；又如负载能力、工作速度及脉冲边沿是否符合要求，从而造成电路的失常。

（2）组合电路的竞争与险象产生毛刺，使触发器产生误动作。

（3）地线布置不当，去耦欠佳。电源中的高频噪声耦合到电路中，数字信号与模拟信号叠加。

（4）长线传输引起反射，闭路传输产生反馈。

（5）外界的电磁干扰。

以上（1）～（4）类故障是不难发现的，只要在调试前做认真仔细的检查，就可以大部分排除。但第（5）类由电路设计或布线不妥造成的故障有的是很难预料的，排除这类故障在很大程度上有赖于设计和调试电路人员的实际工作经验。

此外，测试设备的不正常，如示波器探头、万用表笔、显示器件工作不可靠，也会造成电路故障的假象。

1.3.3　故障检测

电路的调试过程，实际上是分析和排除故障，使电路实现预定功能，并满足所定技术要求的过程。前面已讨论了所谓故障就是电路输出响应"不正常"。为了找出哪里"不正常"，就应了解那里"正常"的输出应该是怎样的。为此必须熟悉所用器件的特性，不仅要熟悉器件的逻辑特性，还要熟悉其电气特性、技术指标和极限运用参数，因为有许多故障是由器件的电性能不符合要求引起的。当然，还必须掌握整个系统和各单元电路的工作原理和结构、组合电路的真值表、时序电路的工作波形图（时序图）等。把"正常"和"不正常"进行对比，才能正确而迅速地判断故障来源，并加以排除。可见，分析和排除故障要求将书本上所学的基本理论知识正确而灵活地运用于实践，以有效的方式和手段解决实际工作中的问题。

一、数字电路故障检测的基本方法和技巧

静态检查和动态检查是数字电路故障检测的基本方法。所谓静态检查是指在输入信号的高、低电平固定不变的情况下，检查输出电平。所谓动态检查是指在输入信号为一串脉冲的情况下，检测输出信号与输入信号的波形。

数字电路检测故障的基本技巧是采用隔离技术。所谓隔离技术，是指把数字系统（不论其大小）划分成一系列较小的不太复杂的子系统，再将子系统划分为单元电路，最后将单元电路隔离到器件级。这样，就可以将系统故障的范围逐步缩小，使问题得到迅速地暴露，从而确定故障的来源而加以排除。

二、常见故障分析

现以 TTL 类器件为例讨论常见故障的分析方法，所讨论的内容对其他类集成电路也是有用的。

1. 输出逻辑电平的检测

通常，输出端工作失常往往是查找故障的有效起点。为了分析输出端的工作不正常，就必须了解正常的输出逻辑电平是怎样的。为此，有必要先了解 TTL 类器件输出端的常见结构。

（1）TTL 类器件输出端的常见结构。常见的 TTL 类器件输出结构有图腾柱输出结构和集电极开路输出结构两种。

在图腾柱输出结构中，逻辑 1 的正常电平 $V_{OH} = +2.4 \sim 4V$，逻辑 0 的正常电平 $V_{OL} \leqslant 0.4V$。对集电极开路输出（OC）结构，在空载状态下，输出逻辑 1 时，VT 截止，输出经 R_L 提升至 V_{CC}；输出逻辑 0 时，VT 饱和，输出低电平 $V_{OL} = V_{ces} \leqslant 0.4V$。加载时，拉电流负载使输出高电平降低，灌电流负载使输出低电平抬高，如果负载电流过大，输出高、低电平就要偏离正常值。

可见，OC 输出结构的电路，正常电平为 $V_{OH} = V_{OC} = +5V$，$V_{OL} \leqslant +0.4V$。

（2）输出逻辑电平若干常见故障分析参见表 1.3.1。

表 1.3.1　　　　　　　　　　　　　**输出逻辑电平若干常见故障分析**

输出结构	正常值	故障现象	原因分析
图腾柱结构	逻辑 1 $V_{OH} = 2.4 \sim 4V$	1) $V_{OH} = V_{CC}$ 2) $0.4V < V_{OH} < 2.4V$ 3) V_{OH} 是一串脉冲，其高电平为 3.5V，低电平为 2.0V	1) 输出端与 V_{CC} 短接，或电路接地不良 2) 拉电流过载，或输出端与逻辑 0 相碰线 3) 输出通常与系统中某处信号脉冲短接
	逻辑 0 $V_{OL} \leqslant 0.4V$	1) V_{OL} 始终为 0V 2) $V_{OL} > +0.4V$	1) 未加电源或输出端与地短接 2) 灌电流过大，或输出端与逻辑 1 相碰线
OC 结构	逻辑 1 $V_{OH} = V_{CC}$	除 $V_{OH} = V_{CC}$ 那一项以外，其余类同有源结构	
	逻辑 0 $V_{OL} \leqslant 0.4V$	均同有源结构	

2. 输入逻辑电平的检测

为了分析输入逻辑电平的"不正常"现象，就要了解"正常"的逻辑电平应该是什么。为此，有必要对 TTL 器件输入端不同接法时的正常逻辑电平做一简要分析。

（1）TTL 与非门输入端的几种接法：图 1.3.1 是 TTL 与非门的原理图（大多数 TTL 类器件有与其类同的输入结构）；图 1.3.2 是输入端的几种不同的接法。

1）图 1.3.2（a）所示，A、B 两输入端同时悬空，相当于接高电平，输出应为低电平。任一悬空输入端的电压约为 1.4V，其典型值应在 1.1～1.5V 范围内。

当 A、B 两输入端同时悬空时，因 VT1 的发射结没有电流通路，VT1 的集电结相当于正偏的二极管，V_{CC} 通过 VT1 之集电结向 VT2、VT4 提供基流，VT2、VT4 都饱和导通，VT1 基极电压 $U_{b1} \approx 2.1V$，即

$$U_{b1} = U_{bc1} + U_{be2} + U_{be5} \approx 2.1 \, (V)$$

与非门输出低电平，三用表测试输入端电平为 1.4V，即

$$U_{e1} = U_{b1} - U_{be1} \approx 1.4 \, (V)$$

2）图 1.3.2（b）所示，A、B 两输入端都接高电平时，VT1 管处于倒置工作状态，即原来的发射极当作了集电极，原来的集电极当作了发射极，在输入端测得电压为高电平，输出端为低电平。

3）图 1.3.2（c）所示，A、B 两输入端有一个接地时，VT1 管相应发射结正偏导通，$U_{b1} = 0V + U_{be1} \approx 0.7V$，另一悬空输入端测得的电压也为 0V，即 $U_{b1} - U_{be1} = 0V$。

4）图 1.3.2（d）所示，输入端接电阻 R_I 时，R_I 阻值大小值直接影响与非门的工作状态。

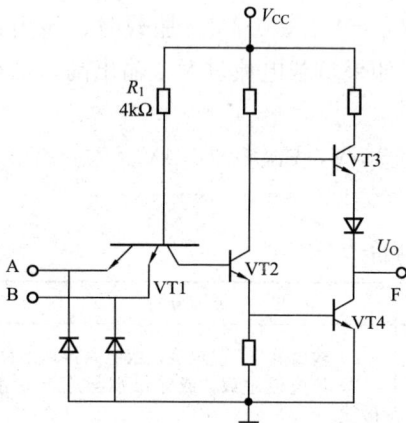

图 1.3.1　TTL 与非门的原理图

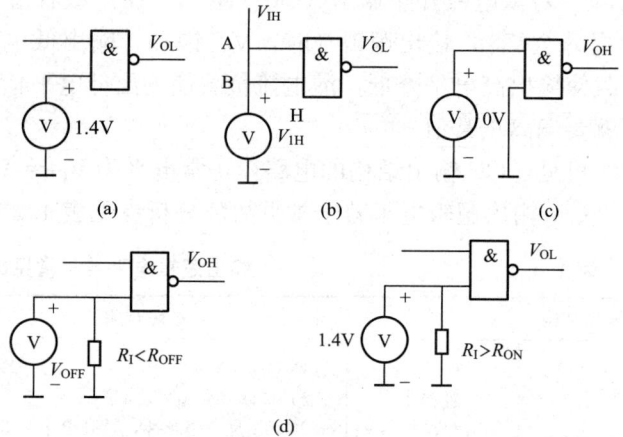

图 1.3.2　输入端的几种不同的接法

(a) 接法一；(b) 接法二；(c) 接法三；(d) 接法四

$R_I > R_{ON}$（开门电阻）时相当于输入端悬空，$U_I > U_{ON}$（开门电压），按图 1.3.2（a）情况分析，与非门始终输出低电平。

$R_I < R_{OEF}$（关门电阻）时，$U_I < U_{OFF}$（关门电平），与非门始终输出高电平。

R_I 在 $R_{OFF} \sim R_{ON}$ 值范围以内时，与非门工作在线性区（或转折区）。

（2）输入端常见故障。

1）输入端既不是逻辑 1 也不是逻辑 0，而是 1.1～1.5V，则说明，此输入端与前级断开，其原因可能是印制板线路开裂或导线折断，输入引脚与插孔没有焊接或接触不良，输入引脚弯曲。

2）输入端始终为低电平，其原因可能是该输入端与地线短接，同一门的另外输入端接地，器件有故障。

3）输入端始终为高电平，其原因可能是：该输入端与 V_{cc} 相碰线，该输入端与某一固定逻辑高电平碰线，器件有毛病。

4）输入端的工作波形不正常，其原因是该输入端与其他信号线相碰。

3. 时序电路的故障检测

为了检测时序电路的故障，必须掌握时序电路中所选用器件的外特性，熟悉时序电路的波形图。

（1）掌握触发器或时序逻辑部件的功能表。触发器是计数器、移位寄存器和其他时序电路的主要组成部分。熟悉了触发器的逻辑功能就容易理解较为复杂的时序逻辑部件，有关手册上可以查到所用器件的功能表，应给予正确理解。

审视功能表时应注意几点。

1）控制输入（D、J、K 等）信号应先于时钟建立，数据后于时钟输出，有些功能表中以脚标 n 表示时钟到来前的时刻，$n+1$ 表示时钟到来后的时刻，如 Q_n、Q_{n+1} 等。

2）预置端和清除端。预置将使 Q＝1，清除将使 Q＝0。预置和清除不能同时启动。有些计数还有同步预置清除和异步预置清除之分。同步预置和清除意味着，预置和清除信号加入后，要在下一个时钟到来时输出才会响应；而异步预置和清除意味着，不论时钟处于何种状态，Q 输出均会响应，故异步预置和清除又叫直接预置和直接清除。图 1.3.3 是同、异步两种预置和清除的时序图，图中同步方式为时钟下降沿有效。

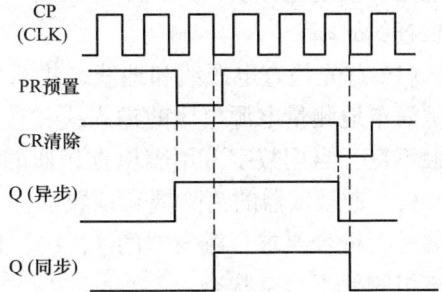

图 1.3.3　同、异步预置、清除的时序图

3）时钟触发沿。要分清是上升沿触发还是下降沿触发，凡是在逻辑符号的时钟输入端标有小圈的，或在功能表中用"↓"号表示的为下降沿触发；反之，在逻辑符号的时钟输入端没有小圈的，或在功能表中用"↑"号表示的为上升沿触发。

（2）了解所用器件的电气参数。触发器的静态参数与门电路类似，其有意义的新参数是转换特性（定时参数），如触发器的最高时钟频率 f_{max}，检查触发器功能时，不仅要用示波器观察输出波形的有无，而且要看其响应的触发沿是否正确。

对于引脚和功能完全相同的器件，如果电气参数不符合要求，一般不能进行替代。

（3）熟悉所用器件和时序电路的工作波形图（时序图）。只有掌握了电路中各主要测试点的工作波形，才能迅速而有效地定位故障。例如，74LS161 是四位同步二进制计数器，它具有计数、预置、保持和清 0 的功能，当用它构成计数器时，应根据其功能表画出计数器的波形图，将实际测试点的波形与"应该是怎样"的波形进行对比，用逻辑思维的方法分析和判断故障部位，并加以排除。

下面举一个简单的故障检测实例，作为本节所讨论内容的综合运用。

图 1.3.4（a）、（b）是单脉冲发生器的电路图及时序图。74LS00 是二输入与非门，

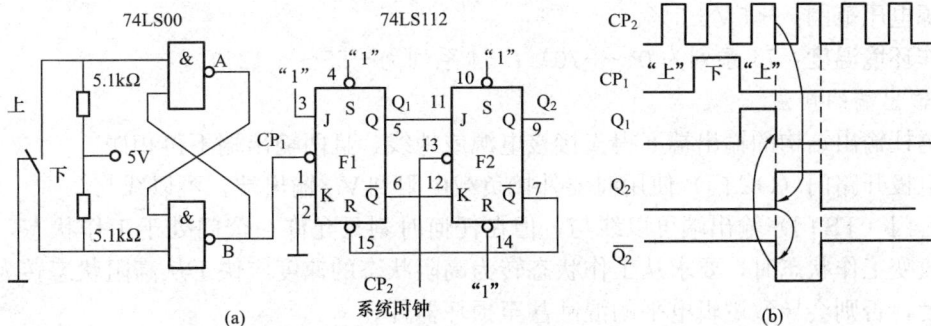

图 1.3.4　单脉冲发生器的电路图及时序图
(a) 电路图；(b) 时序图

74LS112 是下降沿触发的双 JK 触发器。单刀双掷开关平时置"上"位置，当开关"上—下—上"来回拨动一次时，在 Q_2 端能得到一个与系统时钟 CP_2 周期等宽的单脉冲。门 A、门 B 组成的基本 RS 触发器用来消除机械开关产生的电压抖动。

熟悉了所用器件的特性，掌握了电路的工作原理，就可以有效地检测该电路的故障。假设电路在接通电源后，开关来回拨动一次，用万用表监测 Q_2 始终为低电平，一般应按下列步骤查找故障。

（1）首先检查电源线和地线。进行此项检查时应在所怀疑的器件的片脚上直接测试，而不是简单地测量电源电压的输入线和接地线，故障可能是电源线或地线断开，或片子的引脚接触不良。当用数字万用表检查相通的两点时，数字万用表的数值为 0.00V。

（2）查触发器的清除端和预置端。若电源电压确已加上，则查 JK 触发器的预置端和清除端是否符合要求。触发器的 4、10、14 脚应该接高电平，若测得电压为 1.4V 左右，则说明该引脚处于悬空状态。

（3）查 CP_2。用示波器观察有无系统时钟 CP_2 加到触发器的 13 脚，若无 CP_2，则隔离 CP_2 与触发器，再查 CP_2；若有 CP_2，则触发器的时钟输入端 CP_2 有问题，否则检测系统时钟发生器及其通路。在检测 CP_2 时，应注意其高、低电平是否为正常的逻辑电平。

（4）查 J2、K2 端。若测得电压为 1.4V，则说明该端与前级信号断开。

（5）查 CP_1。当开关置"上"时，B 门 6 脚应为低电平；置"下"时，B 门 6 脚应为高电平。若不正常，则隔离 B 门 6 脚与后接触发器的 1 脚。隔离后若 6 脚恢复正常，则触发器时钟输入端 CK_1 有问题，否则是开关或门电路不正常。

（6）查开关和电阻 R_1、R_2 连接是否正常，电阻内部是否开路。开关置"上"时，A 门 1 脚应为低电平，B 门 5 脚应为高电平；开关置"下"时，A 门 1 脚为高电平，B 门 5 脚为低电平。

（7）查与非门。各引脚有无碰线，逻辑功能是否正常。按上述步骤进行，即能迅速排除故障。

1.4　数字集成电路使用须知

一、TTL 类集成电路使用须知

1. 电源电压和工作环境温度

电源电压范围：+5V±5%。

工作环境温度：74 系列为 0～+70℃；54 系列为 -55～+125℃。

2. 输出端的接法

图腾柱输出结构的输出端不得直接接电源或地线，且两输出端不得相碰。

集电极开路门（OC 门）使用时要外接负载电阻到 V_{CC} 输出端，可以线与。

三态门（TS 门）输出端可以线与，但在任何时刻只允许一个门处于工作状态，当几个门同时改变工作状态时，要求从工作状态转为高阻状态的速度应快于从高阻状态转为工作状态的速度，否则会导致逻辑电平的混乱甚至损坏器件。

3. 不用输入端（空头）的处理

TTL 类集成电路输入端悬空时，虽相当于接逻辑高电平，但容易引入干扰信号。因此，对于多余的输入端应按逻辑功能的要求进行处理。例如不用的与门和与非门输入端，可将其直接或通过电阻接电源，也可与有用信号并接，对或门和或非门的空头，应将其接地。对其他选用的逻辑部件都应按使用要求类似处理。

二、CMOS 集成电路使用须知

（1）焊接 CMOS 器件时，应使用 20W 内热式烙铁，并将烙铁外壳接地，或切断烙铁电源再焊，焊接时间应尽可能短。

（2）插拔 CMOS 器件必须断电。

（3）电源电压极性不得接反。

（4）输入端接有大电容或引线过长时，最好在输入端串接一电阻 R，一般取值 $R=V_{DD}/1\text{mA}$，以限流保护或防止寄生振荡。

（5）不允许在不加电源电压的情况下，接入输入电压。通电时，应先接通电源，再接输入信号；断电时，应先撤输入信号，再断开电源。

（6）输入电压不得超出电源电压范围 0.5V 以上，即 $V_{SS}-0.5\text{V}<V_I<V_{DD}+0.5\text{V}$。

（7）多余输入端不得悬空，可将其与有用信号并接，也可根据逻辑功能要求，接高电平或接地。

（8）CMOS 器件的输出端不得与 V_{DD} 或 V_{SS} 短接，若输出端接有负载电容，则应根据手册要求选取电容容量，以免过大的电流损坏输出级。

（9）增大 CMOS 电路负载能力有以下几种方法：

1）将同一芯片上几个反相器的输出端并联。

2）增加驱动电路。

3）负载是晶体管时，可采用复合管作为输入级。

第2章　常用元件器件及测量方法

2.1　测量方法和测量技术的基本概念

测量是获取被观测物理量值的过程。物理量形式有机械量、电量、温度热量、光学量等不同类型。国际标准化组织（ISO）设定基本单位有：

长度	米	m
质量	千克	kg
时间	秒	s
电流	安培	A
热力学温度	开尔文	K
光强度	坎德拉	cd
物质量	摩尔	mol

为适应测量技术自动化、智能化、网络需要，现代测量仪器基本上都是由微处理器控制的电子测量仪器。电子测量仪器包括传感器、信号处理、比较量化、数据处理与显示记录四个基本部分，如图 2.1.1 所示。

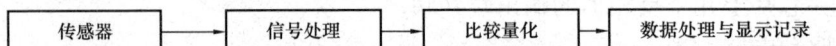

传感器	→	信号处理	→	比较量化	→	数据处理与显示记录

图 2.1.1　电子测量仪器的基本组成

传感器的作用是把被测物理量转换为电量，以便通过电子电路进行处理。信号处理电路的作用是把各种不同类型的信号规范化为某种标准形式。比较量化电路对信号处理后的电信号进行采样、量化与编码，得到与被测物理量大小存在固定关系的数据值，通常用 A/D 转换器来实现。下一步就是在数字域内对数据进行处理并显示和记录结果，绝大多数情况部分功能能由微处理器控制实现。

对于各种不同的电子测量仪器，数字系统部分的原理和实现方法基本上大同小异，区别比较大的是在传感器和信号处理电路部分，这一部分电路集中了测量原理和测量技术中的精华，是整个测量仪器的基础和核心。

常用的测量方法有直接测量法、间接测量法和组合测量法。

（1）直接测量法：直接用仪表测量待测量值。

（2）间接测量法：用仪器仪表测量出待测量有关中间的值，再利用其与待测量间存在的关系，通过计算得到待测量的值，如测量出电压和电流来求功率。

（3）组合测量法：兼用直接测量法，得到一组联立方程的有关参数，求解联立方程，得到待测量值。

被测量与标准量的比较（即测量过程）可以用直接读数法和比较测量法。

（1）直接读数法：通过与标准量间存在确定关系的仪表刻度值来测量被测量，如杆秤、弹簧杆等。

（2）比较测量法：被测量与标准量直接比较得到测量结果，如天平。这种情况下仪表仅用来进行比较。

测量误差分为系统误差、随机误差和人为误差三种。

（1）系统误差。在相同条件下，多次测量同一个量值时，误差的绝对值和符号保持不变，或在条件变化时，误差变化存在确定性规律，这种误差称为系统误差。

（2）随机误差。在相同条件下，多次测量同一个量值时，误差值绝对值和符号随机变化，这种误差称为随机误差。随机误差一般都服从一定的统计规律，可用均方值和方差表示其特征。

（3）人为误差。由于人为疏忽和失误导致的误差称为人为误差。人为误差一般可通过重复测量来进行控制。

2.2　电压、电流、电功率测量方法

基本电参数中电压、电流和电功率的测量最为普遍，涉及的基本测量方法也具有较普遍的代表性。

2.2.1　直流电压测量

电压是个重要的电参量，是反映被测系统工作状态的重要指标。大量的传感器的输出信号都是以电压形式给出的，并且由于电压测量所具有的仪表并联测量特征，使得在监测电子系统工作情况时优先考虑采取电压测量的方式。高精度的电压测量是各种其他物理量测量的基础。

直流电压测量按其实现方法可分为模拟仪表测量方法和数字登记表测量方法两大类。模拟登记表测量方法采用磁电式表头和分压器、隔离电路等通过表头指针指示刻度时得到测量电压值。一般模拟电压表的精度为 1%，计量级精度可达 0.5%。通常用于工业现场电压监测，实验室中模拟万用表的电压挡也是这种方式。模拟电压表在使用时需注意电压表输入阻抗对被测电路的影响，避免导致错误结果。数字电压测量方法功能更强、适用范围更广，下面重点讨论电压的数字测量方法。数字电压测量系统的结构如图 2.2.1 所示。

采样 → 信号处理 → A/D转换器 → 数据处理、记录存储 → 显示

图 2.2.1　数字电压测量系统的结构

（1）采样电路。对于高电压测量，一般用电阻分压器来对被测电压采样。分压器后用一个跟随器电路进行隔离，减小后级电路对采样电路的影响。

对于弱电压测量，可直接用仪表放大器进行采样，应尽量减小测量电路对被测对象的影响。采样电路必须注意的一个问题是参考地线的选择。如果选用单端办公设备，则接地点应当在测量电路的输入端位置。如果选用双端浮地输入，则第一级放大器的共模输入电压范围必须要大于现场地电平差异的最大值，否则就一定要采用光电隔离等措施，以保证系统正常工作。

（2）信号处理电路。A/D 转换器的输入模拟电压范围一般是百毫伏到几伏。而被测电压则在数微伏到数百伏的范围变化，要有效地利用好 A/D 转换器的精度，就需要加入信号处理电路，使被测电压为转换为与 A/D 转换器输入范围相匹配的电压值。

　　对于比较大的被测电压信号，一般采用电阻分压的方法使其衰减到所需的范围。衰减器设计主要考虑电阻的精度、温度系数、切换控制方式等。在电阻选择上也要兼顾对被测信号源的负载效应和 A/D 转换器输入端口的驱动能力，必要时可以采用跟随器电路进行隔离。

　　（3）A/D 转换器。在数字测量系统中，直流电压测量的核心是模数（A/D）转换器件。A/D 转换器承担模拟信号数字化的任务。

　　A/D 转换将被测量电压信号与基准电压源提供参考信号进行比较，用有限位数字给出比较结果，再根据比例系数和参考电压值，计算出被测电压的量值。

　　（4）数据处理、记录存储及显示。数字电压测量系统中均采用微处理来完成数据处理、记录存储及显示等功能。

2.2.2　直流电流测量

一、电流信号的基本特征和电流传感器

　　实际电流源是由一个理想电流源和其内阻并联构成的，内阻越大，实际电流源越接近理想电流源。当测量仪器与实际电流源串联相接时，仪器的端等效电阻与电流源内阻实际上是并联连接的，也就是说，仪器的输入电阻越小，流入仪器输入端的电流就越接近被测电流源的电流值，测量精度也就越高。

　　电流信号在导线上传输的过程中，如果没有额外的并联（主要是由两根导线之间或导线与大地之间的分布电容造成的），则由电荷守恒定律可知，导线上各点处的电流大小必然相等，受电磁干扰的影响很小。实际中远距离的中、高速信号传输通常会采用电流形式。

　　实用中测量电流值要把仪表和被测电流源串接起来，需要断开电路重新连接，比测量电压要复杂一些。

　　电流测量同样有模拟仪表测量法和数字仪表测量法两种类型。模拟电流表的核心是磁电式表头，灵敏度有 $20\mu A$、$0.5\mu A$、$0.5mA$ 等级别。通常采用分流的方法来扩大电流测量的范围。

　　在数字化测量系统中，一般把电流信号转为电压信号，测出电压值后再折算成电流值。利用电阻来实现电流信号与电压信号的转换是最基本的采样方法，采样电阻一般采用温度系数很小的合金材料制作。

　　工业测量中常用的传感器有分流器和电流互感器两种。分流器用于直流电流测量，它实际上是一个采样电阻，把额定电流转换为电压信号，检测出电压值后再换算为电流值。电流互感器用于测量交流电流，其工作原理类似于变压器，二次回路电流与一次回路电流之间存在比例关系。电流互感器的二次侧额定电流一般为 1A 或 5A，一次侧电流为 $20\sim2000A$。

二、电流与电压的转换电路

　　利用运算放大器组成的放大电路，可以方便地把电流信号转换为电压信号。图 2.2.2 所示的直流电电路为基本 I/U 转换电路，$u_\circ = -i_1 R$。图 2.2.3 所示为电路高灵敏度 I/U 转换电路，其输出电压与输入电流关系为

$$u_\circ = -\left(1 + \frac{R_2}{R_1} + \frac{R_2}{R}\right)Ri_1$$

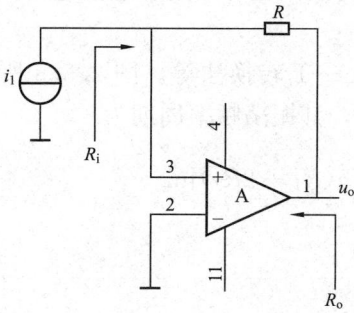

图 2.2.2　基本 I/U 转换电路　　　　　　　图 2.2.3　高灵敏度 I/U 转换电路

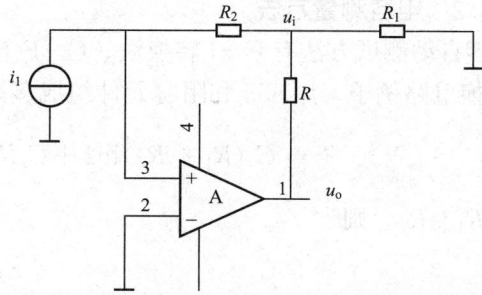

2.3　电阻、电容、电感测量方法

电阻、电容、电感都属于阻抗参数。测量阻抗参数的方法有伏安法、电桥法和谐振法。伏安法通过测量出电流值和电压值来计算阻抗值，方法比较简单，但由于电流和电压表本身存在内阻，会影响测量精度。电桥法利用电桥平衡时对角点间的电压为 0V 的原理，通过三个桥臂上已知元件参数来计算出被测元件的参数值，它比较适合于人工测量，人工判断桥路平衡和改变元件值都比较容易实现，而在自动测量时则相当困难。谐振法利用 LC 串、并回路具有的谐振特性进行测量。测出谐振时的工作频率，就可以算出被测元件的参数值。自动测量时一般通过测量用被测元件和标准元件构成的振荡器的振荡频率，来计算被测元件值。

2.3.1　电阻测量方法

通常在自动测量系统中把电阻值变换为电流或电压值，通过测量电流或电压来间接地计算出电阻值。电阻—电压转换电路根据驱动方式有恒流源方式和恒压源方式两种，分别如图 2.3.1 和图 2.3.2 所示。这两种方式的计算公式分别为

$$U_s = I_s r_s$$

$$U_s = \frac{r_s}{R_1} U_s + U_s$$

恒流源与恒压源均可以选用专用的集成电路。

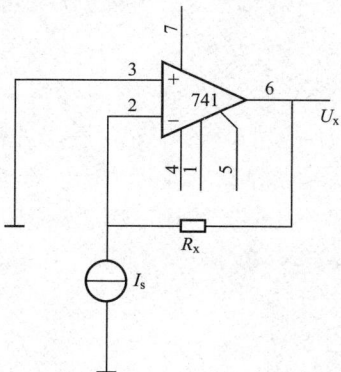

图 2.3.1　恒流源方式　　　　　　　　　　图 2.3.2　恒压源方式

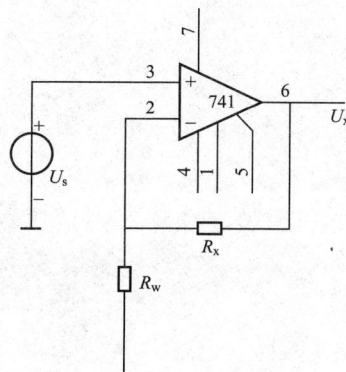

对于微弱电阻测量可以用电桥电路进行电阻—电压转换，也可以用双电桥电路。

2.3.2 电容测量方法

电容自动测试方法有 C—f 转换法、C—F 转换法、C—T 转换法等。图 2.3.3 所示是个 C—f 转换电路例子。用 555 和阻容元件组成多谐振荡器，其振荡频率周期为

$$T = C_x(R_1 + R_2)\ln2 + C_xR_2\ln2 = C_x(R_1 + 2R_2)\ln2$$

若 $R_1 = R_2$，则

$$C_x = \frac{1}{3R_1 f\ln2}$$

其他的方法这里不再赘述。

2.3.3 电感测量方法

电感的自动测试有 L—U 转换法、L—f 转换法、L—T 转换法等。图 2.3.4 所示为 L—U 转换电路。设输入为 $u_i(t) = U_i\sin\omega_i t$，则输出 u_o 为

$$u_o(t) = -(r_s + j\omega i L_s)u_i(t)/R = \frac{r_s}{R}U_i\sin\omega_i t = j\sin\omega_i \frac{L_s}{R}U_i\sin\omega_i t$$

其他不常用的方法这里不再赘述。

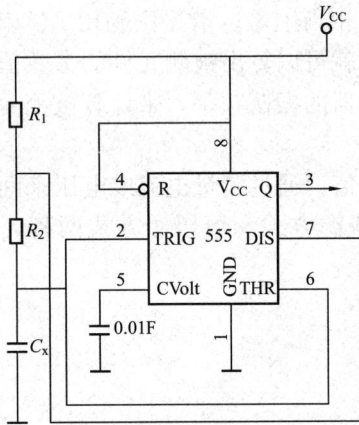

图 2.3.3 C—f 转换电路　　　　　　图 2.3.4 L—U 转换电路

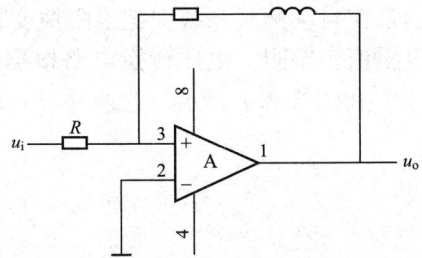

第 3 章 课程设计实例

3.1 十字路口交通管理器

一、设计任务

本课题要求设计一个十字路口交通管理器,该管理器能自动控制十字路口两组红、黄、绿三色交通灯,指挥各种车辆和行人安全通行。要求每次通行时间设定为 30s(可以变化),转换时间为 6s。

二、设计原理与步骤

十字路口每条道路各有一组红、黄、绿灯,红灯亮表示该条道路禁止通行,黄灯亮表示停车,绿灯亮表示允许通行。因此,十字路口车辆运行状况有以下四种可能。

(1)甲道通行,乙道禁止通行。

(2)甲道停车线以外的车辆禁止通行(停车),乙道仍然禁止通行,让甲道停车线以内的车辆继续通行。

(3)甲道禁止通行,乙道通行。

(4)甲道仍然不通行,乙道停车线以外的车辆必须停车,停车线以内的车辆继续通行。

红、黄、绿灯规定为:

$$R=1 \quad 甲道红灯亮$$
$$Y=1 \quad 甲道黄灯亮$$
$$G=1 \quad 甲道绿灯亮$$
$$r=1 \quad 乙道红灯亮$$
$$y=1 \quad 乙道黄灯亮$$
$$g=1 \quad 乙道绿灯亮$$

各色灯用发光二极管代用。

根据题目要求,可以有多种实现方案。

1. 方案一

由秒脉冲振荡器产生周期 $T_0=1s$ 的秒脉冲时基信号,经 6 分频后就可得到周期 $T=6s$ 的时钟 CP 信号,将此信号加至由四位二进制计数器组成的十二进制计数器中,再由译码器输出即可实现,如图 3.1.1 所示。不同的计数状态对应的译码器输出的真值表见表 3.1.1。

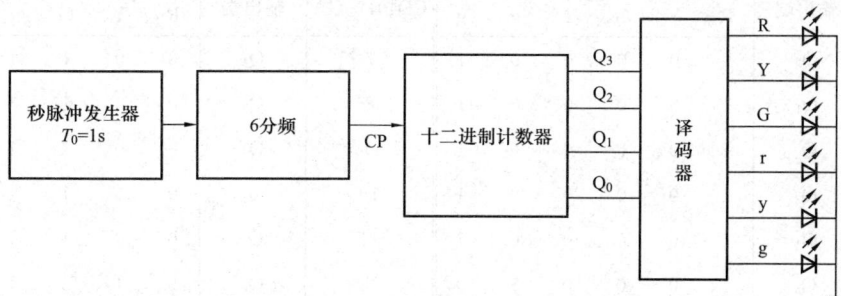

图 3.1.1 交通灯控制原理图设计方案一

由于每个 CP 的周期为 6s，所以表 3.1.1 对应的时间关系符合题目要求，译码部分可由学生自行分析和设计。

表 3.1.1　　　　　　　　　　　　译码器输出的真值表

CP	计数器输出				译码器输出						含义
	Q_3	Q_2	Q_1	Q_0	R	Y	G	r	y	g	
1	0	0	0	0	1	0	0	0	0	1	
2	0	0	0	1	1	0	0	0	0	1	
3	0	0	1	0	1	0	0	0	0	1	甲止乙通
4	0	0	1	1	1	0	0	0	0	1	
5	0	1	0	0	1	0	0	0	0	1	
6	0	1	0	1	1	0	0	0	1	0	甲止乙停
7	0	1	1	0	0	0	1	1	0	0	
8	0	1	1	1	0	0	1	1	0	0	
9	1	0	0	0	0	0	1	1	0	0	甲通乙止
10	1	0	0	1	0	0	1	1	0	0	
11	1	0	1	0	0	0	1	1	0	0	
12	1	0	1	1	0	0	1	0	0	0	甲停乙止
13	1	1	0	0	×	×	×	×	×	×	
14	1	1	0	1	×	×	×	×	×	×	
15	1	1	1	0	×	×	×	×	×	×	约束
16	1	1	1	1	×	×	×	×	×	×	

2. 方案二

秒脉冲和 6s 分频电路同前，以周期 $T=6s$ 的时钟 CP 加到由两片十进制计数/脉冲分配器 CD4017 所组成的十二进制计数器上。CD4017 的引脚图和功能表见附录 3。由于在 CP 作用下 CD4017 各输出端依次出现一个正脉冲，所以可将相应输出端经二极管或门引到相应指示灯上也可实现题目要求。CD4017 的输出端与各色指示灯的对应关系及原理图见表 3.1.2 和图 3.1.2。

表 3.1.2　　　　　　　　　　　　CD4017 的输出端与各色指示灯关系

CP CD4017 (1)	高电平输出端	译码						CP CD4017 (2)	高电平输出端	译码					
		R	Y	G	r	y	g			R	Y	G	r	y	g
1	Q_0	1	0	0	0	0	1	7	Q_1	0	0	1	1	0	0
2	Q_1	1	0	0	0	0	1	8	Q_2	0	0	1	1	0	0
3	Q_2	1	0	0	0	0	1	9	Q_3	0	0	1	1	0	0
4	Q_3	1	0	0	0	0	1	10	Q_4	0	0	1	1	0	0
5	Q_4	1	0	0	0	0	1	11	Q_5	0	0	1	1	0	0
6	Q_5	1	0	0	0	1	0	12	Q_6	0	1	0	1	0	0

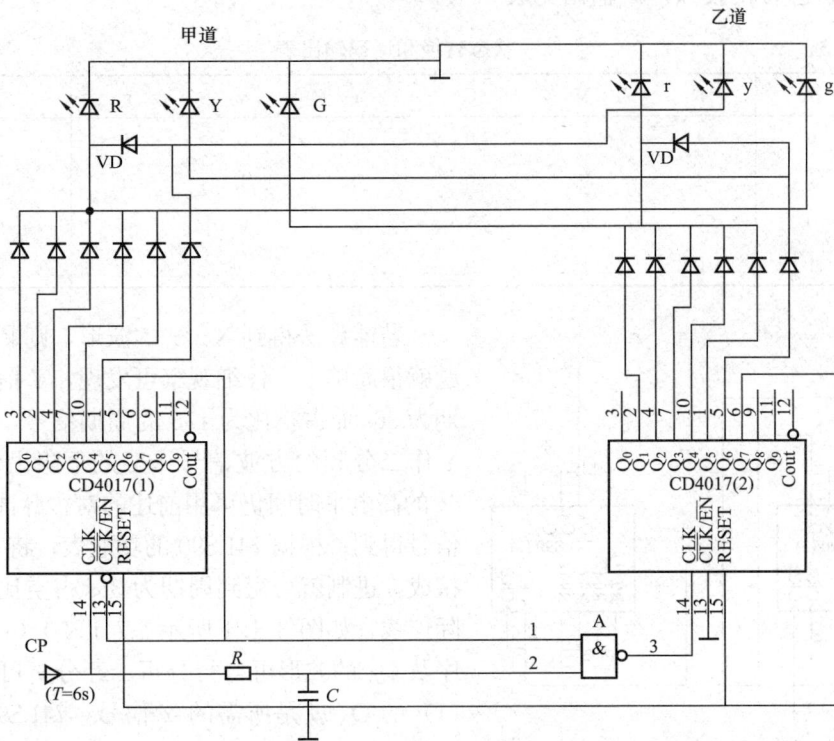

图 3.1.2 交通灯控制原理图设计方案二

电路中对应第 1～5 个 CP，CD4017（1）的 Q_0～Q_4 依次为高电平，R=1，g=1，对应甲止乙通状态。电路中对应第 6 个 CP，Q_5=1，R=1，y=1，对应甲止乙停状态。当第 7 个 CP 到来时，Q_6=1，它起两个作用，一是使 CD4017（1）处于保持状态（其使能端 EN=1），同时又打开了 CD4017（2），使时钟 CP 能够进入 CD4017（2），从而使 CD4017（2）计数器工作。对应第 7～11 个 CP，CD4017（2）的 Q_1～Q_5 依次为高电平，G=1，r=1，对应甲通乙止状态；第 12 个 CP 到来后，Q_6=1，Y=1，r=1，对应甲停乙止状态。第 13 个 CP 到来使 CD4017（1）、CD4017（2）同时复位，二片的 Q_0 为 1，由于 CD4017（2）的 Q_0 未接负载，故只有 CD4017（1）的 Q_0 对应的灯亮。因为此时 CD4017（1）的 Q_6=0，所以封住了 CD4017（2）的时钟，使 CP 只对 CD4017（1）起作用。图中 R_1C 是对 CD4017（2）CP 的延时电路，它保证 CD4017（2）的第一个 CP 在 CD4017（1）的 Q_6=1 之后数十微妙后到来，否则有可能丢失一个计数脉冲。

3. 方案三

依题意，电路共有四种工作状态，其时序图如图 3.1.3 所示。

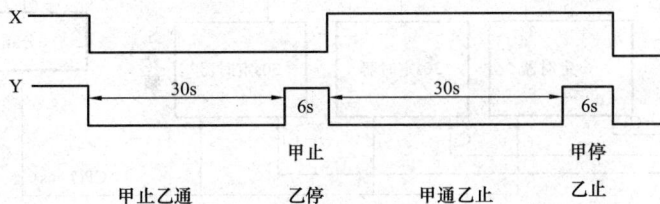

图 3.1.3 交通灯方案之三时序图

列出其状态转换表和译码输出见表 3.1.3。

表 3.1.3　　　　　　　　　　　　　　状态转换和译码输出表

X	Y	R	Y	G	r	y	g	状态
0	0	1	0	0	0	0	1	甲止乙通
0	1	1	0	0	0	1	0	甲止乙停
1	0	0	0	1	1	0	0	甲通乙止
1	1	0	1	0	1	0	0	甲停乙止

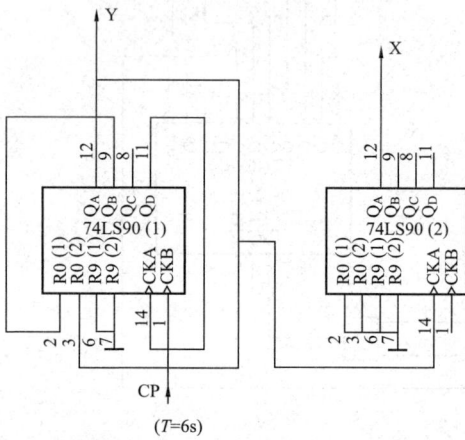

图 3.1.4　X、Y 信号的产生电路

若能设法得到 X、Y 的波形，则剩下的译码问题就很简单了，仔细观察可发现，Y 信号是一个周期为 36s 而占空比为 1/6 的周期信号，X 信号是对 Y 作二分频的方波信号（Y 的下降沿使 X 翻转），6s 的高电平时间仍可用前述的对秒脉冲 6 分频后的信号得到。根据 74LS90 的功能表，将其按 5421 码接成 6 进制就可得到周期为 36s 占空比为 1/6 的实际连线，如图 3.1.4 所示。74LS90（1）的计数顺序及 Q_A 的波形可自行分析。经分析可知，74LS90（1）的 Q_A 就是所需的 Y 信号，74LS90（2）是对 Y 作二分频，所以 74LS90（2）的 Q_A 应为 X 信号。

4. 方案四

前面几种方案简单、方便，但需要有一定的经验和技巧，方案四是一种比较正规的设计方法，设计过程和电路比较复杂，电路框图如图 3.1.5 所示。

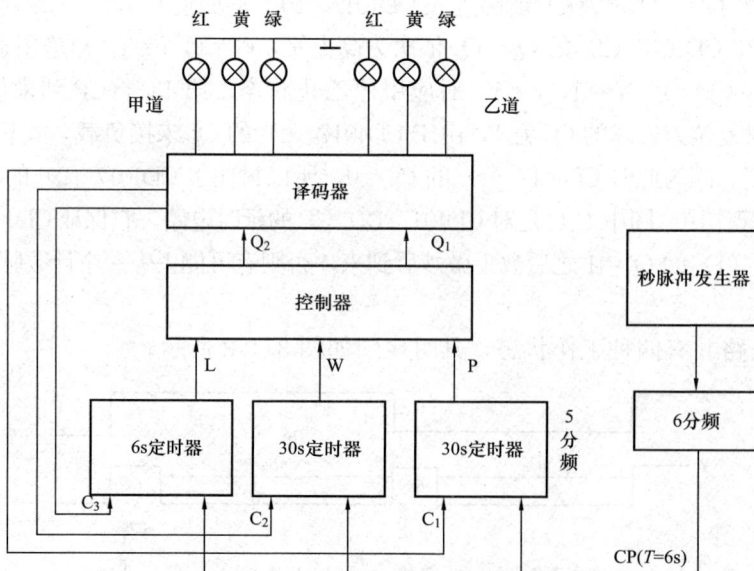

图 3.1.5　交通灯控制原理图设计方案四

交通管理器分为秒脉冲发生器、定时器、控制器和译码器四部分。控制器送出译码器所需的控制信号，它接受译码器的反馈信号，以决定转换方向及输出信号，同时规定：

甲止乙通时间内，控制信号 P＝0，定时结束时，P＝1。

甲通乙止时间内，控制信号 W＝0，定时结束时，W＝1。

黄灯亮的时间内，控制信号 L＝0，定时结束时，L＝1。

定时电路输出信号 P、W、L 分别为 30s 和 6s 定时结束时送给控制器的正脉冲信号，控制器根据这些信号的状态发生相应的变换，控制器的状态经译码后驱动相应灯点亮。根据上述情况可画出逻辑流程图，如图 3.1.6 所示。

（1）秒脉冲发生器，由 NE555 构成多谐振荡器实现，如图 3.1.7 所示，该电路输出信号周期为

$$T = 0.7(R_1 + 2R_2)C$$

选择 $C＝10\mu\text{F}$，令 $R_1＝R_2$，根据 $T＝1\text{s}$ 计算出 R_1、R_2 的值。

（2）由 74LS90 构成的 6 分频电路由学生自行设计完成。

（3）30s 和 6s 定时电路。因为上面已产生 6s 的 CP 信号，所以 6s 定时电路可直接使用该 CP 信号，而 30s 定时电路可对该 CP 信号进行 5 分频（即接成五进制计数器）得到，为了使 P、W、L 为 1 时有一定宽度，应加一级单稳，其框图如图 3.1.8 所示。

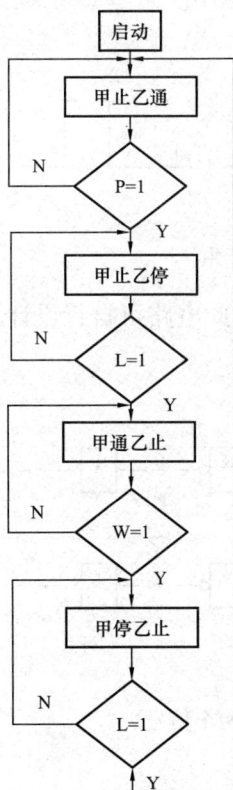

图 3.1.6　逻辑流程图　　　　　　　　图 3.1.7　多谐振荡器

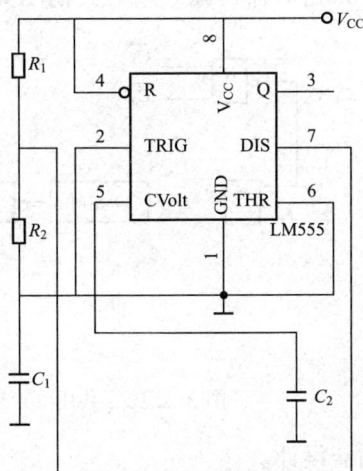

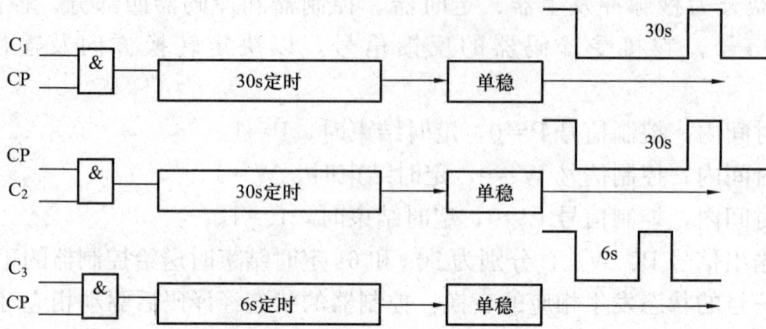

图 3.1.8　定时器和 P、W、L 信号的产生

对 CP 作 5 分频得到 30s 定时的电路如图 3.1.9 所示（供参考）。

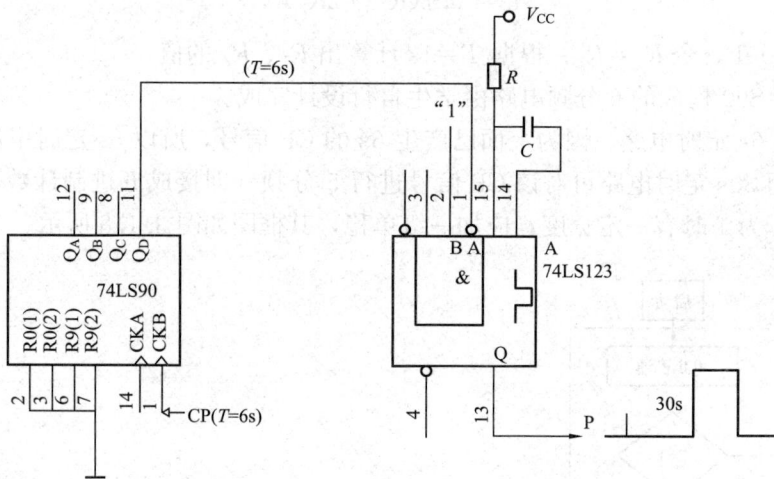

图 3.1.9　30s 定时电路及 P 信号的产生

而两个 30s 定时器可以共用，其框图如图 3.1.10 所示，此电路可自行设计。

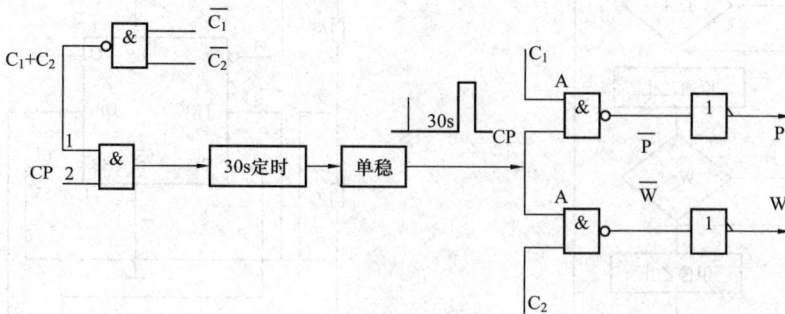

图 3.1.10　共用 30s 定时器并产生 P、W 两个信号

（4）控制器设计。

1）导出交通管理的状态转换图，从图 3.1.6 所示的流程图出发，可以画出相应的状态

转换图，如图 3.1.11 所示。图 3.1.11 中状态 A 为甲止乙通，状态 B 为甲止乙停，C 为甲通乙止，D 为甲停乙止。

2）状态分配，本课题采用与或非门的交叉反馈组成触发器作为控制器记忆元件，四个状态用二片与或非门实现，状态分配及对应译码输出状态见表 3.1.4。表 3.1.4 中 01 下边的状态设为 11 是为尽量减少竞争冒险。

3）求激励函数 D_1 和 D_2。从交通管理器的状态转换图，可以画出激励函数的降阶卡诺图，如图 3.1.12 所示。其中，图外是现态，图内是次态为 1 的条件。由图 3.1.12 可得到

$$D_1 = \overline{Q}_2\,\overline{Q}_1 P + \overline{Q}_2 Q_1 + Q_1 Q_2 \overline{W}$$

$$D_2 = Q_1 \overline{Q}_2 L + Q_2 \overline{Q}_1 \overline{L} + Q_2 Q_1$$

化简可得

$$D_1 = \overline{Q}_2 P + Q_1 \overline{Q}_2 + Q_1 \overline{W}$$

$$D_2 = Q_1 L + Q_2 \overline{L}$$

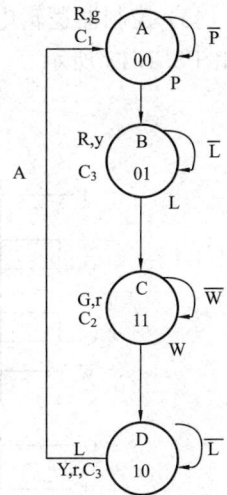

图 3.1.11 交通管理器及状态转换图

表 3.1.4 译码输出状态表

状态	状态分配		含 义	译码输出						条 件
	Q_2	Q_1		R	Y	G	r	y	g	
A	0	0	甲止乙通	1	0	0	0	0	1	$C_1=1$，打开 P 的控制门
B	0	1	甲止乙停	1	0	0	0	1	0	$C_3=1$，打开 L 的控制门
C	1	1	甲通乙止	0	0	1	1	0	0	$C_2=1$，打开 W 的控制门
D	1	0	甲停乙止	0	1	0	1	0	0	$C_3=1$，打开 L 的控制门

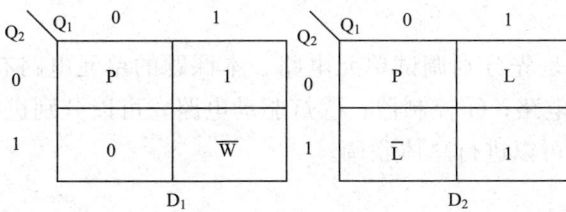

图 3.1.12 卡诺图

4）求输出函数方程。由表 3.1.4 可知控制器驱动甲道红、黄、绿灯的信号，有

$$R = \overline{Q}_1\,\overline{Q}_2 + Q_1\,\overline{Q}_2 = \overline{Q}_2$$

$$Y = Q_2\,\overline{Q}_1 \qquad G = Q_2 Q_1$$

控制器驱动乙道红、黄、绿灯的信号，有

$$r = Q_2 Q_1 + Q_2\,\overline{Q}_1 = Q_2$$

$$y = \overline{Q}_2 Q_1 \qquad g = \overline{Q}_2\,\overline{Q}_1$$

乙通甲止（P＝0）的定时电路选通信号，有

$$C_1 = \overline{Q}_1\,\overline{Q}_2 = g$$

甲通乙止（W＝0）的定时电路选通信号，有

$$C_2 = Q_2 Q_1 = G$$

停车时间（L＝0）定时电路的选通信号，有

$$C_3 = \overline{Q}_2 Q_1 + Q_2\,\overline{Q}_1 = Q_2 \oplus Q_1 = \overline{G}\cdot\overline{g} \quad 或 \quad C_3 = \overline{Y\,y}$$

5）控制器逻辑电路所有方程已经求出，选择适当器件来实现。这里提供了一参考电路，如图 3.1.13 所示。

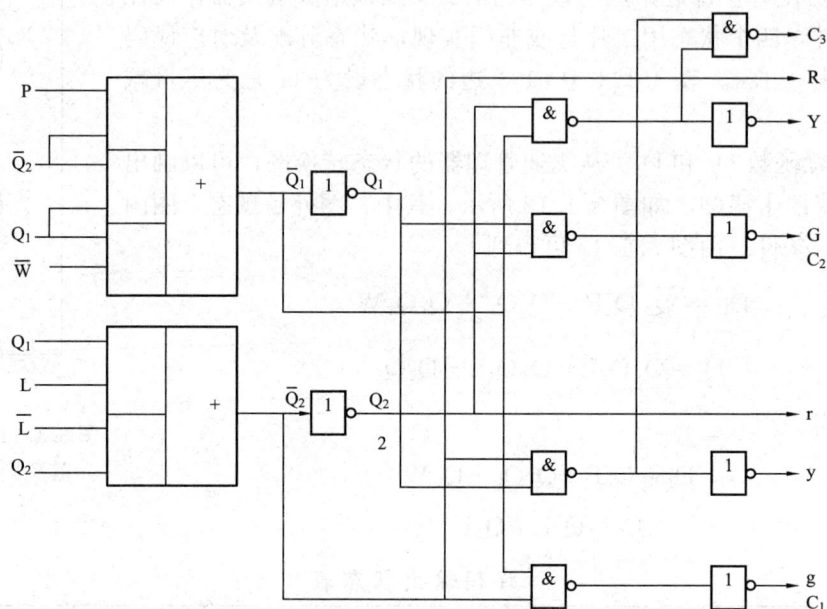

图 3.1.13　控制器逻辑电路图

三、设计要求

（1）画出交通管理器完整的逻辑总图。

（2）画出交通管理器的连线图。

（3）安装、调试出预计要求的结果。

四、调试要点

调试的基本思路为先局部后整体，也就是先分别调试单元电路。本课题的单元电路有：①多谐振荡器；②30s 定时电路；③6s 定时电路；④控制器；⑤灯驱动电路，可以分别进行调试。在全部单元电路工作均正常以后，即可以进行总体联调。

五、设计给定 IC

74LS00（5 片）、74LS90（3 片）、74LS123（1 片）、74LS74（1 片）、NE555（1 片）、CD4017。

3.2　水塔水位的自动控制装置

一、设计任务

本课题要求设计一个水塔水位的自动控制器，把水位控制在一定范围（如 2～6m）内。

二、技术指标

（1）当水位低于 2m 时，使电机启动，带动水泵上水；当水位升至 6m 时，使电机停转。

（2）因某种原因使水位低至 1m 或高至 7m 时，由报警器报警。

（3）用数码管正确显示水位。

（4）备有手动装置，以便随时控制电机启、停，满足对水位的特殊需要或检修设备的要求。

三、设计原理与步骤

1. 系统原理框图

系统原理框图如图 3.2.1 所示。由水位检测电路得到的水位信号，送至编码器进行编码，再经七段译码器译码后送到数码管显示当前水位，编码器输出的信号还送到控制电路自动控制水位的高低（水位降低是因用户用水造成的），并控制报警电路报警，也可由译码后输出的信号控制报警电路报警。

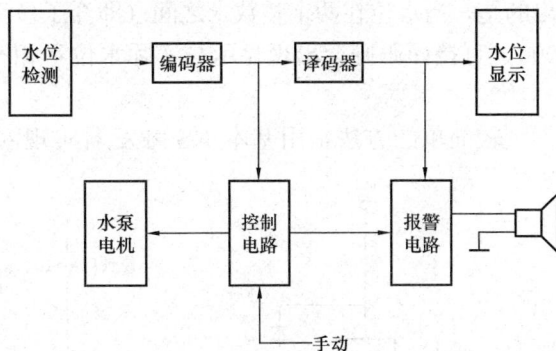

图 3.2.1 系统原理框图

2. 水位检测与编码电路

水位检测与编码电路如图 3.2.2 所示。对应于水塔的不同水位设置干簧管作为检测元件，其下端连在一起接 +5V 电源，其上端通过电阻连在一起接"地"，该端作为水位信号检出端，成为编码器的输入信号。水塔中设有内藏磁铁的浮子随水位一同升降。当浮子靠近某干簧管时，该管二极被磁化吸合，输出高电平至编码器，而编码器的其他输入端均为低电平，当磁性浮子位于任意两个干簧管之间时，编码器的所有输入端均为低电平。在设计中可用开关代替干簧管使用。

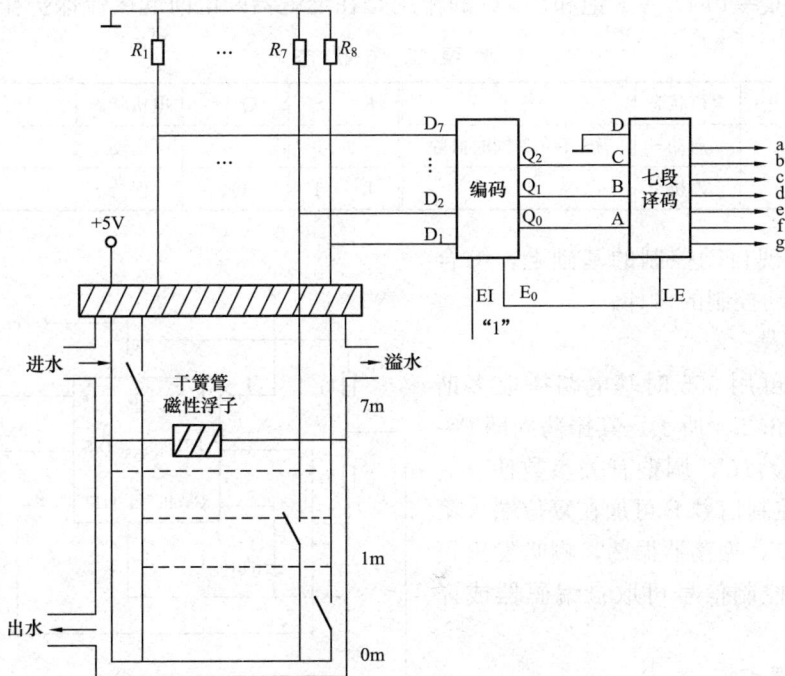

图 3.2.2 水位检测与编码电路

本课题给定编码器为 CD4532，是可对八个输入信号作三位二进制编码的优先编码器。

1. 译码与显示

使用七段字形译码器 CD4511 和共阴数码管，由于同学们已做过实验，故不赘述。需要指出的是，当水位在两个整数米之间（即浮子位于两个干簧之间）时，编码器的输出 $Q_2 Q_1 Q_0 = 000$，直接译码则会出现显示与实际水位不相符的情况，可以用"锁存"的方法来解决。

2. 控制电路

较简单的方法是用基本 RS 触发器实现对水泵电机的启停控制，其电路如图 3.2.3 所示，其工作状态表见表 3.2.1。Q =1，VT 饱和，继电器 K 得电，常开触点闭合，电机启动运转，水泵上水。当 Q=0，VT 截止，K 失电，常开触点断开，电机停转。$\overline{RS}$ 的驱动方程应根据课题要求，列出驱动表，再经卡诺图化简得到。需注意，在大部分时间里，浮子位于某两个干簧管之间，此时编码器的输入和编码输出全为 0，设计时应将它设为"保持"状态（即 $Q^{n+1} = Q^n$），以保持浮子位于整数米时电机所处的状态。电路中 R 的

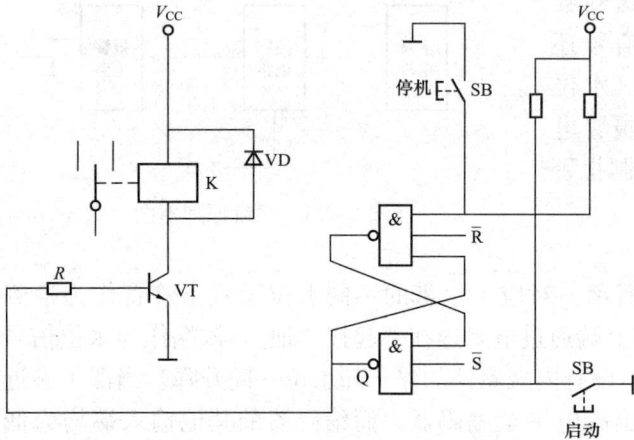

图 3.2.3　水泵电机的启停控制电路

选择要保证当 Q=1 时，VT 饱和。VD 的作用是在继电器断电时起续流保护作用。

表 3.2.1　　　　　　　　　　　水 泵 工 作 状 态

$\overline{R}$	$\overline{S}$	Q^{n+1}	电机状态	备注	$\overline{R}$	$\overline{S}$	Q^{n+1}	电机状态	备注
0	0	1	启动	$\overline{RS}$ 不允许同时撤除	1	0	0	启动	
0	1	1	停机		1	1	Q^n	保持	

在能够实现自动控制的基础上，综合考虑自动、手动控制的设计。

3. 报警电路

报警电路可用 555 时基电路搭成多谐振荡器，如图 3.2.4 所示。其振荡周期 $T = 0.69 (R_1 + 2R_2) C$，调整有关参数使 $f = 1\text{kHz}$ 左右。控制信号 P 可加在复位端（第 4 脚），当 P=1，振荡器振荡，喇叭发出报警声音。P 的控制信号可取自编码器或译码器的输出。

四、调试要点

本课题简单，可按图 3.2.1 顺序进行

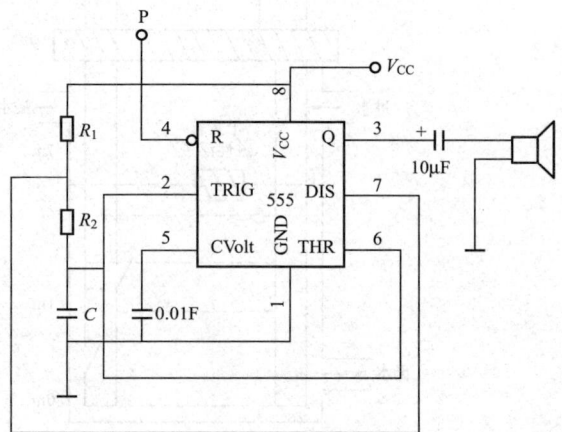

图 3.2.4　报警电路

调试。

1. 调试水位

调试水位检测、编码、译码、显示部分、模拟水位上升和下降过程，即顺次给编码器的输入端送入高电平，检查编码是否正确，同时可以检查译码显示是否正确、是否具有锁存功能。

2. 水泵电机控制电路调试

（1）水泵电机可用一个带有限流电阻的发光二极管 LED 模拟，其电压可为 5V 或 12V。把 Q 点断开，将三极管 VT 的基极电阻 R 接高电平（5V），应能听到继电器 K 吸合的声音，同时代表电机的 LED 被点亮；将 R 接地，应能听到 K 释放的声音，同时 LED 熄灭。如果无此反应，则应检查继电器是否完好，所加电压是否正确，R 的阻值是否过大，VT 的 β 值是否过小。

（2）把 R 接到 Q 点，令编码器 $D_7 \sim D_1$ 均为 0，D_0 为 1，此时"电机"应处于随机状态，可能是"开"，也可能是"停"，这时按启、停按钮能任意控制"电机"开停。

（3）令 $D_1 \sim D_7$ 依次变为高电平，然后令 $D_7 \sim D_1$ 依次变为低电平，表示水位逐渐上升或下降，这时 LED 显示应与所设计的驱动表一致。

（4）检查为检修所设计的手动启停功能是否正确。

3. 报警电路调试

（1）把 555 定时器的复位端 4 脚与 P 点断开，接高电平，应能听到振荡器发生的 1kHz 声音，若听不到，可用示波器观察是否有振荡波形，频率是否在音频范围。

（2）把 555 定时器的 4 脚挡 P 点接通，则对应水位在 1、7m 处，应 P＝1，且能听到报警声，而在其他位置，均不应使报警器工作。

五、设计给定 IC

CD4532、CD4511、CD4011、CD4069、CD4073、NE555。

3.3 智力竞赛抢答计时器

一、设计任务

设计一个三人参加的智力竞赛抢答计时器。

二、设计技术指标

（1）当某台参赛者按下抢答开关时，由数码管显示该台编号并伴有声响。此时，抢答器不再接收其他输入信号。在复位状态下台号数码管不作任何显示（灭灯）。

（2）电路具有回答问题时间控制功能。要求回答问题的时间≤100s（显示为 00～99），时间显示采用倒计时方式。当达到限定时间时，发出声响提示。

三、课题电路组成和工作原理

根据功能要求，抢答计时器框图如图 3.3.1 所示。

（1）抢答器。它是竞赛抢答器的核心。当任一参赛者首先按下抢答开关时，使台号显示器显示相应台号且声响电路发出声音，与此同时，封锁住其他参赛者的输入信号。

（2）抢答控制电路。它是由三个按键开关组成，三名参赛者各控制一个，按键开关使相应控制的信号为高电平或低电平。

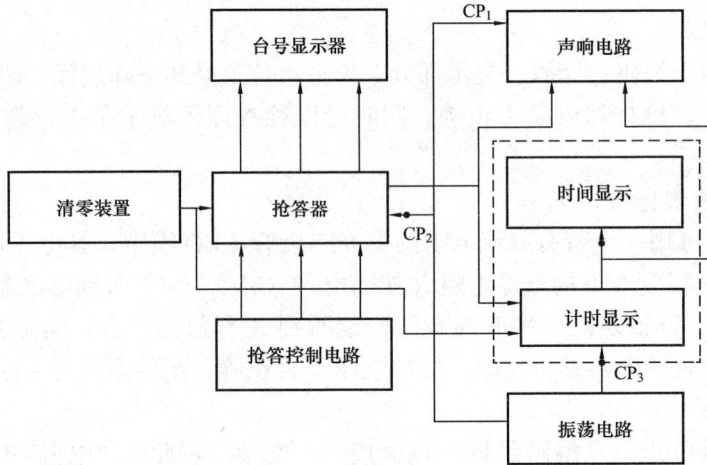

图 3.3.1　抢答计时器框图

（3）清零装置。它是供裁判员使用。它能保证比赛前抢答器和计时器统一清零，避免电路的误动作和抢答过程的不公平。

（4）台号显示器。比赛开始，当某台首先按下抢答器开关时，抢答器接收该信号，在封锁其他开关信号的同时，由台号显示器显示该台编号。

（5）计时显示电路。它是对抢答者回答问题的时间。进行控制的电路，若规定回答问题的时间≤100 s，则应为二位十进制数的显示计数系统。

（6）声响电路。第一个抢答者按动开关时声响电路应发出声响提示，当计时时间已满而问题未回答完毕时声响电路同样发出声响提示。

（7）振荡电路。它能给抢答器、计时系统和声响电路提供控制脉冲。

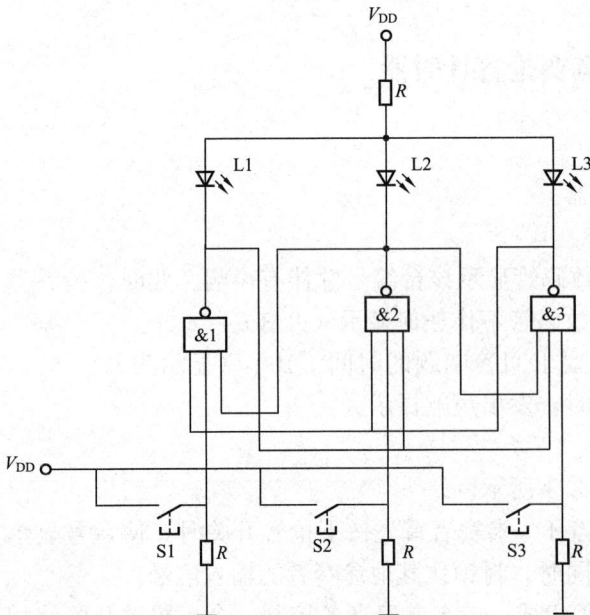

图 3.3.2　抢答控制电路之一

四、设计步骤和方法

1. 抢答器和抢答控制电路

最简单的抢答器和抢答控制电路之一如图 3.3.2 所示。这是一种自优先的互锁电路，1、2、3 号台对应设置了开关 S1、S2、S3，分别由 3 名参赛者控制。常态时开关接地，各与非门均输出高电平，发光二极管不亮，比赛时按下某开关，如 S1，使该输入端为高电平，则门 1 输出低电平，此低电平一方面使 L1 点亮，同时又封锁了门 2、门 3，使开关 S2、S3 不再起作用，该电路基本满足了逻辑功能，但其存在两个问题。一是按住 S1 不能松手，否则达不到互锁目的；二是电路不能解决开关的机械抖动问题。

比较有效实用的抢答器和抢答控制电路如图 3.3.3 所示。

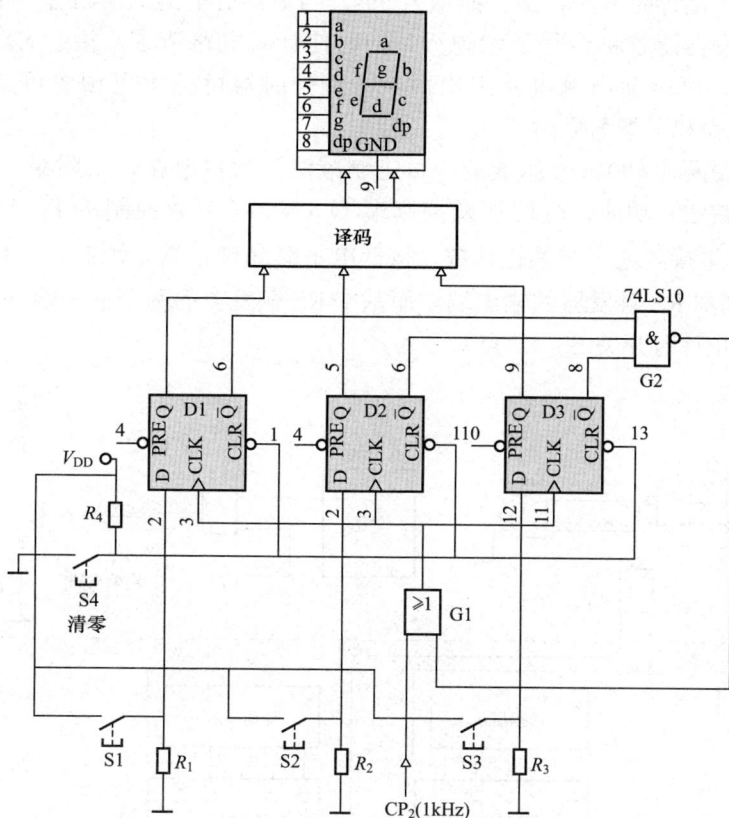

图 3.3.3　抢答控制电路之二

由图 3.3.3 看出，抢答器由三个 D 触发器和门 G1、G2 组成，$G_2 = Q_1 + Q_2 + Q_3$，即 $G_2 = \overline{\overline{Q_1}\ \overline{Q_2}\ \overline{Q_3}}$，若 S1 首先按下，使该端输入为高电平，触发器 D1 接收该信号使 $Q_1 = 1$，$\overline{Q_1} = 0$，$\overline{Q_1}$ 使 $G_2 = 1$，$G_1 = 0$，封锁了 G1，使触发器控制脉冲 CP 信号被拒之门外，触发器 D2、D3 因为不具备 CP 脉冲信号而不接收开关 S2、S3 控制端送入的信号（其他两种情况类同）。因此该电路只接收第一个输入信号，即使此时其他参赛者也按下开关，但由于 G1 被封锁，信号是输入不进去的。同时由于 G1 被封锁，即使开关 S1 抬起，也不会使 D1 的 Q1 变为 0，有效地解决了互锁和开关的机械抖动问题。

2. 清零装置

为正常工作，比赛开始前，裁判员要将各触发器和计时器统一清零。本系统利用 D 触发器的复位端用 S1 控制，正常比赛时，使 $\overline{R_D}$、$\overline{S_D}$ 均处于高电平，用 $\overline{R_D} = 0$ 实现复位功能。对于计时器清零电路将后面介绍。

3. 抢答台号译码显示电路

译码器由读者自行设计，译码器的输入为触发器的输出 $Q_1Q_2Q_3$，译码器的输出驱动七段数码管，要求当 $Q_1Q_2Q_3 = 100$ 时显示 1，$Q_1Q_2Q_3 = 010$ 时显示 2，$Q_1Q_2Q_3 = 001$ 时显示 3，$Q_1Q_2Q_3 = 000$ 时灭灯。

4. 计时、显示、声响电路

计时电路采用倒计时方法，最大显示为 99s，当裁判员给出"请回答"指令后，按下 S4 键，一方面使触发器清零将台号显示熄灭，同时使计时电路清零，抬起 S4 后开始倒计时，当计到"00"时，可驱动声响电路发出声响。倒计时器可选用可预置可逆十进制计数器 CD4510，其功能表和引脚图见附录 3。

图 3.3.4 是用两片 CD4510 组成的一百进制减法计数器电路，由附录 3 的功能表可知，要实现倒计时（减法）功能，应使加减控制端 U/D＝0，置数控制端 P_E＝0，清零端 R 接 $\overline{A}$，计数允许端 $\overline{C_1}$ 接高电平时禁止计数，接低电平时允许计数，因此，高位片的 $\overline{C_1}$＝0 低位片的 $\overline{C_1}$ 接到基本 RS 触发器的输出端，而基本 RS 触发器的两个输入端分别接到清零开关 S4（A 点）和停止计时开关 S5（B 点）。

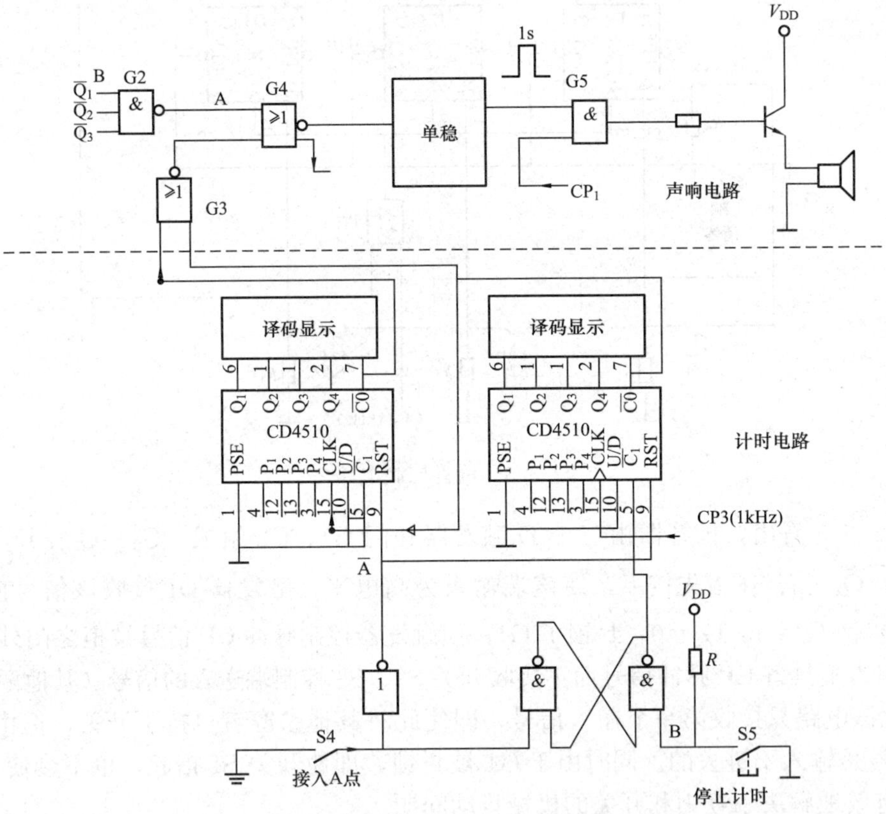

图 3.3.4　计时、显示、声响电路

当按下 S4 时，A＝0，$\overline{A}$＝1，它使触发器和计数器同时清零，且将计数器低位片的 $\overline{C_1}$ 置 0，允许计数器计数，抬起 S4 时，A＝1，$\overline{A}$＝0，而 $\overline{C_1}$＝0 不变，倒计时开始，不论计到何时，根据需要只要按一下 S5，则因低位计数器的 $\overline{C_1}$＝1 而使计数器停止计时。应注意在常态下 A、B 点均为高电平，所以 $\overline{C_1}$ 总是处于"保持"状态，计时系统的译码驱动显示电路可选用 CD4511 和数码管组成，可自行设计。

声响电路需在三种情况下做出反应：一是当有参赛者按下抢答开关时；二是当裁判员给出"请回答"指令后计数器清零瞬间时；三是计时器倒计时至 00（亦为清零）时。后两种情况实际上可归为一种。

声响电路由两部分组成，一是由门电路组成的控制电路，二是三极管驱动电路。门控电路主要由或非门 G4 组成。它有两个输入：一个来自抢答电路各触发器的 Q 端，它说明只要有一个 Q=1（$\overline{Q}_1$=0）就可通过 G4 驱动蜂鸣器发声；另一个来自计时系统的借位输出端 $\overline{C}_0$，它说明计时电路在 99s 向 98、97、…、01s，到 00s 时二个借位输出端的 $\overline{C}_0$ 均为低电平，则 G3 输出的高电平也能使蜂鸣器发声，当然，在发出"请回答"指令，计数器"清零"瞬时也会使蜂鸣器发声。为使声响保持一定时间，可在 G4 后面加一级单稳电路。

5. 振荡电路

本系统需要两种频率的脉冲信号：一种是频率为 1kHz 的脉冲信号，用于声响电路和触发器的 CP 信号；另一种是频率为 1Hz 信号，用于计时电路，1Hz 可用两个 555 定时器组成，也可用 555 定时器加分频器组成，还可从实验箱上获得其中一种频率脉冲。

五、安装与调试

1. 振荡器测试

用 555 定时器接成频率为 1Hz 和 1kHz 振荡器，也可从实验箱上获得其中一种频率脉冲信号，用示波器或万用表或 LED 观察振荡情况，可参考水塔水位自动控制装置中的振荡电路。

2. 抢答显示功能测试

（1）按图 3.3.3 所示的原理在实验板上接好触发器和 S1～S4 连线，将 S1、S2、S3 全部处于低电平，G1 只接 CP_2。按 S1 则 Q_1 应为高电平，抬起 S1 则 Q_1 应为低电平，测试 S2、S3 方法类同。检查电平高低可用万用表或 LED。

（2）清零功能测试，按下 S4，所有 Q 端均为低电平，$\overline{Q}$ 端均为高电平。

（3）检查互锁功能，G1 接好反馈信号，当 S1 先按下使 Q_1=1 后，再按 S2、S3 不起作用。

（4）接上译码器和台号显示器，检查译码是否正确。

3. 倒计时功能测试

按图 3.3.4 接好计时电路部分，按下 S4 时计数器的 R 端应为高电平，译码显示 00，抬起 S4，在 CP 作用下数字按 99、98、97、…、00，顺序递减，按 S5 计数停止。

4. 声响电路功能测试

按图 3.3.4 接好声响电路部分，可将 G4 两个输入端分别接高低电平来控制状态，观察喇叭发声情况。

5. 总体联调

单元电路正常后，连通整体电路。

六、抢答器操作过程

（1）裁判员（主持人）出题，第一参赛者抢答时蜂鸣器响（时间 1s），同时台号显示器显示抢答台号，并封锁其他开关输入的信号。

（2）裁判员给出"请回答"指令的同时按一下 S4，键即刻松手，它起两个作用：一是将触发器复位（准备下一轮抢答），二是将计数器先复位再倒计时（在按 S4 瞬间蜂鸣器鸣响）。

（3）若在 100s 时间内回答完毕，裁判员按 S5 停止计时；若在 100s 时间内未能回答完毕，则在计数器减到 00 时蜂鸣器自动发声提示"超时"。

以上过程反复进行。

七、设计给定 IC

CD4001、CD4013（2 片）、CD4011（3 片）、CD4023、CD4510（2 片）、CD4511（2 片）、CD4098（或 CD4528）、NE555（2 片）。

注：CD4023 为三 3 输入与非门，其引脚排列方式与 CD4073 相同。

3.4　篮球比赛计分显示系统

一、设计任务

本课题要求利用数字集成芯片设计一篮球比赛记分显示系统，并通过本系统设计达到以下目的。

（1）熟悉中规模集成触发器、可逆计数器和显示译码器使用方法。

（2）培养运用所学知识进行简单数字系统设计的能力和兴趣。

（3）了解简单数字系统的实验和调试方法，以及一般故障的排除方法。

二、设计指标

（1）要求本系统能实现分别加和减 1 分、2 分、3 分功能，并能减去加错的分。

（2）显示数值最大值可达 999 分，并具有复位功能。

（3）要求设计 24s 违例器，具有自动减时功能，并具有随时启、停功能。

三、设计原理

根据篮球比赛实际情况，有得 1 分、2 分和 3 分的情况，还有减分情况，电路要具有加、减分及显示功能，如图 3.4.1 所示。

用 2 片四位二进制加法计数器 74LS161 或 160 分别组成二进制、三进制计数器，控制加 2 分、3 分的计数脉冲。3 片十进制可逆计数器 74LS192 或 191 组成加、减计数器用于总分累加，最多可计 999，通过译码驱动显示电路显示得分情况。

开始计分时，按一下复位按钮 S，使计数器 74LS192 和 74LS161 全部清零。以 2 分为例，当进一个 2 分球时，按一下 2 分按钮，使 LD=0，计数器 74LS161（2）预置 1110，Q3Q2Q1Q0 通过或门输出 1，使与门 2 打开，让加分计数脉冲通过，同时使 74LS161（2）的 T 端为 1，并且经过非 2 输出 0，使 LD=1，这时 74LS161（2）开始计数，计 2 个脉冲后，Q3Q2Q1Q0 输出状态变为 0000，使或门输出 0，封与门 2，阻止第 3 以后的加分 脉冲通过，同时使 74LS161 的 PE 端为 0，使计数器保持状态不变，并通过非门 2 输出 1，使与非门 2 打开，完成了计 2 分过程，等待下一个 2 分按钮按下，计 3 分原理与计 2 分原理相同，但计数器 74LS161（1）预置 1101。计 1 分更简单，但 1 分电路记分中抖动，有多计分情况。1 分电路最好采用基本 RS 电路实现。

四、设计内容与调试

（1）按图 3.4.1 系统原理图，设计并画出实际接线图。CP 可通过 555 集成芯片与选取合适电阻与电容设计多谐振荡电路产生 1～10Hz 脉冲，计数器 74LS192 的输出接译码驱动 74LS48 或 74LS248 并送数码管显示记分结果。记 3 分、2 分、1 分按钮通过选择合适电阻到地。

（2）按动按钮 S，使所有计数器清零，测试篮球比赛计分显示系统功能。

（3）PE 接高电平，74LS27 或非输出接 M 接 P，Q 接高电平，将计 2 分端从地撤掉后，等待一个 CP 重复周期后再接地（给其一个高电平），观察数码显示器变化，再重复上述做

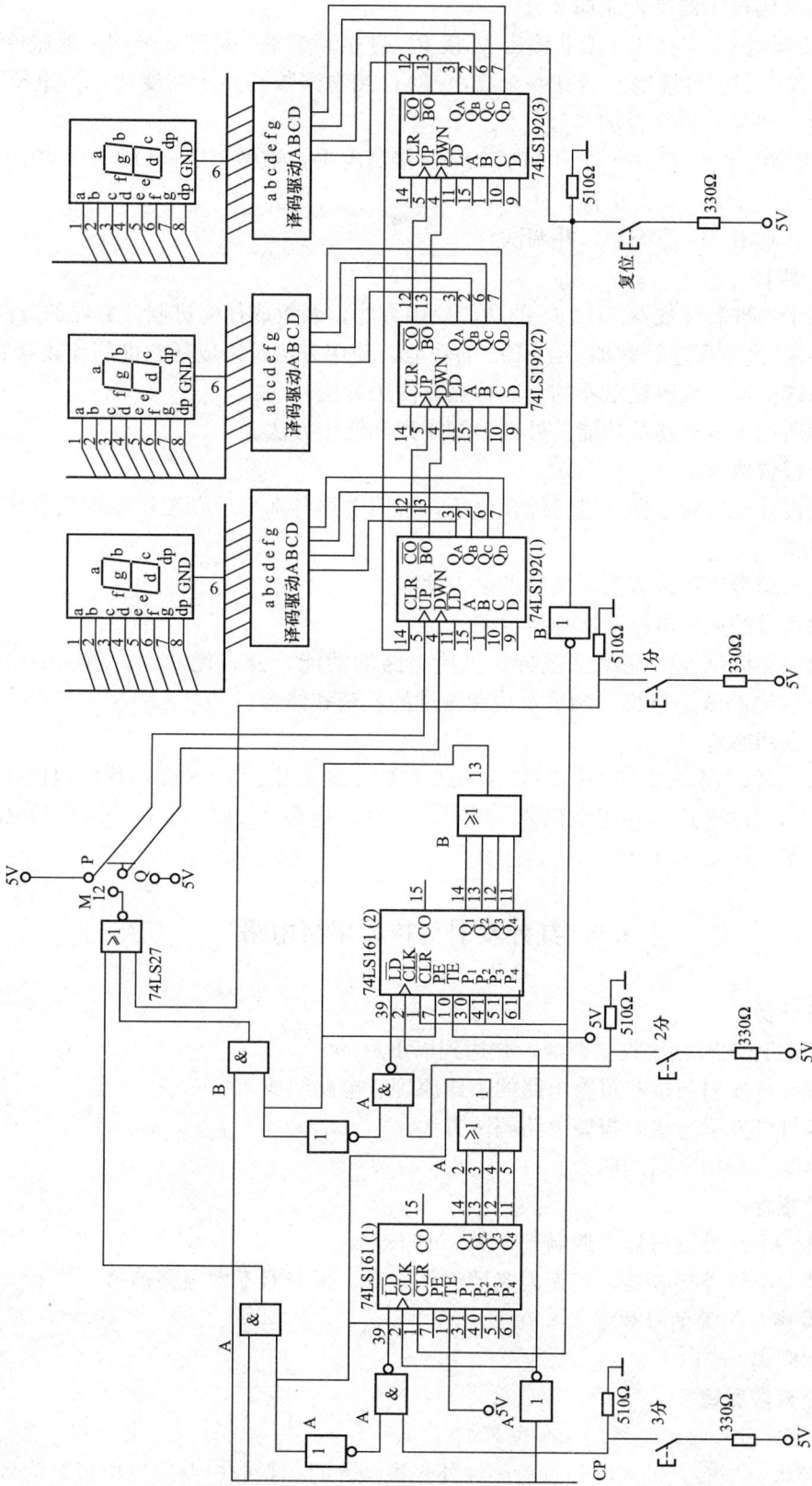

图 3. 4. 1 蓝球比赛计分显示系统原理图

法两次，观察数码显示器是否能加 2 分。

（4）PE 接高电平，74LS27 或非输出 M 接 P，Q 接高电平，将计 3 分端从地撤掉后，等待一个 CP 重复周期后再接地（给其一个高电平），接观察数码显示器变化，再重复上述做法两次，观察数码显示器是否加 3 分。

（5）PE 接高电平，74LS27 输出 M 接 Q，P 接高电平，重做上述（1）、（2）项内容，观察 3 分、2 分的减分情况是否正常。

（6）设计并画出 24s 违例器，并调试。

五、设计要求

（1）熟悉十六进制计数器 74L161 的功能使用方法，及组成任意进制计数器的方法。

（2）熟悉 10 进制可逆计数器 74LS192 的功能、使用方法及组成任意进制计数器的方法。

（3）掌握译码器、数码显示器的功能特点及使用方法。

（4）熟悉所用集成电路的功能、外部引脚排列和使用方法。

六、设计报告要求

（1）整理设计及实验数据且进行综合分析，说明电路各部分后勤工作原理及篮球比赛计分显示系统功能。

（2）总结简单数字系统方法，实验调试方法。

（3）画出设计的原理电路及实际接线图。

（4）写出电路调试及功能测试报告，包括电路的功能、公有优缺点、测试中出现的问题、解决办法、电路改进意见、调试及功能测试的收获和体会。

七、设计选用芯片

74LS161 二片、74LS192 三片、74LS48 或 74LS248 三片、74LS08 一片、74LS00 一片、74LS32 一片、74LS27 片、共阴数码管三支、555 片、电阻 100kΩ 三支、电阻 510Ω 三支、电阻 333Ω 三支、开关三个。

3.5　红外发射与接收报警电路

一、设计任务

设计一个红外发射与接收报警器。并达到以下目的。

（1）了解红外发射与接收报警电路的工作原理、电路组成。

（2）掌握红外发射与接收报警电路调试方法。

（3）培养综合应用电路的能力。

二、设计指标

（1）设计一个红外发射器，调制频率为 30kHz。

（2）设计一个红外接收器，当无人遮挡红外光时，报警器不发报警信号。当有人遮挡光时，报警器发声，报警信号频率为 800Hz。

（3）控制距离 2m 以上。

三、设计系统原理

1. 红外发射与接收报警器的工作原理

本电路要求：当有人进入红外发射区红外光被挡光时，接收电路应发出报警信号；无人挡光时报警器不工作,即不发声。根据要求,本电路应由两部分组成,即红外发射电路和红外接收电路。图 3.5.1 所示为红外信号发射电路框图,它由自激多谐振荡器、功率放大器、红外发光二极管组成。自激多谐振荡器产生几十赫兹的不对称脉冲,此脉冲为红外光的调制脉冲,调制脉冲经功率放大后控制红外发光二极管发射红外光脉冲。红外信号遥控接收电路框图如图 3.5.2 所示。此电路由红外光电管放大、整流、报警电路组成。把红外脉冲转换成电信号,即解调出调制脉冲,然后把此信号放大,整流变成直流信号,控制报警器不工作。当红外光脉冲被人遮挡时,则报警器工作发出报警声。

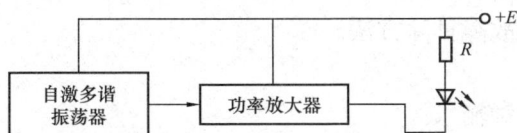

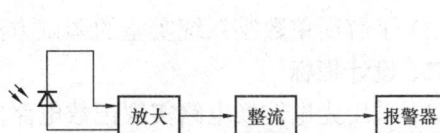

图 3.5.1　红外信号发射电路框图　　　　图 3.5.2　红外信号接收电路框图

2. 参考电路

红外信号发射电路框图如图 3.5.3 所示,红外信号接收电路框图如图 3.5.4 所示。

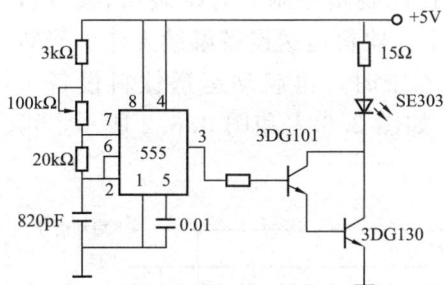

图 3.5.3　红外信号发射电路框图　　　　图 3.5.4　红外信号接收电路框图

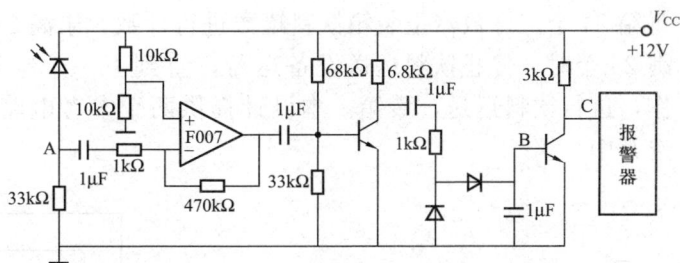

四、设计实验与调试

(1) 在实验板上装好红外发射电路,检查无误后加电。调整振荡器频率在 30kHz 左右,并记下脉冲波形、幅度、频率。

(2) 在另一块实验板上装好红外接收电路,检查无误后加电,用信号源测量放大器的增益。

(3) 调整报警器的工作频率在 800Hz 左右,也可用锋鸣器报警。

(4) 观察有无红外信号时整流器输出的变化和报警器工作是否正常。

(5) 把发射电路逐渐离开接收电路,使报警器都能正常工作为止,测出两者间的距离。

五、设计报告要求

(1) 设计计算过程及绘制电路原理图、实际接线电路。

(2) 实验数据记录。

(3) 对实验结果进行分析讨论。

(4) 心得、体会。

六、设计 IC 芯片与元件

红外管 SE303、PH302、F007、555、3DG101、3DG130、喇叭、电阻、电容等。

3.6　生产线自动装箱设备监控器

一、设计任务

设计一生产线自动装箱设备监控器系统，用数字电路实现系统的控制，并达到以下主要目的。

（1）熟悉中规模集成电路计数器和数值比较器的使用方法。

（2）培养对简单数字系统的设计能力和兴趣。

（3）了解简单数字系统实验的调试方法和故障排除方法。

二、设计指标

（1）采用光电转换电路实现记数电路的时钟输入。

（2）装箱饮料 24 个/箱，但也可调整装箱饮料的个数。

（3）装满箱后可自动实现系统的停止运行。

（4）应可实现装箱数量数字显示电路。

三、设计原理

本监控是对生产线上自动装箱操作进行监测，实现自动装箱控制。对罐装饮料装箱，每箱 24 个。计数器圣装箱饮料罐数进行计数，未满 24 个，饮料运送设备继续工作。当装满 24 个时，停止饮料运送设备运行，直到下一个空箱到来时，再启动运送饮料设备工作，进行饮料运送，装箱。本设计提供两个参考电路，如图 3.6.1 和图 3.6.2 所示，可选其中一。

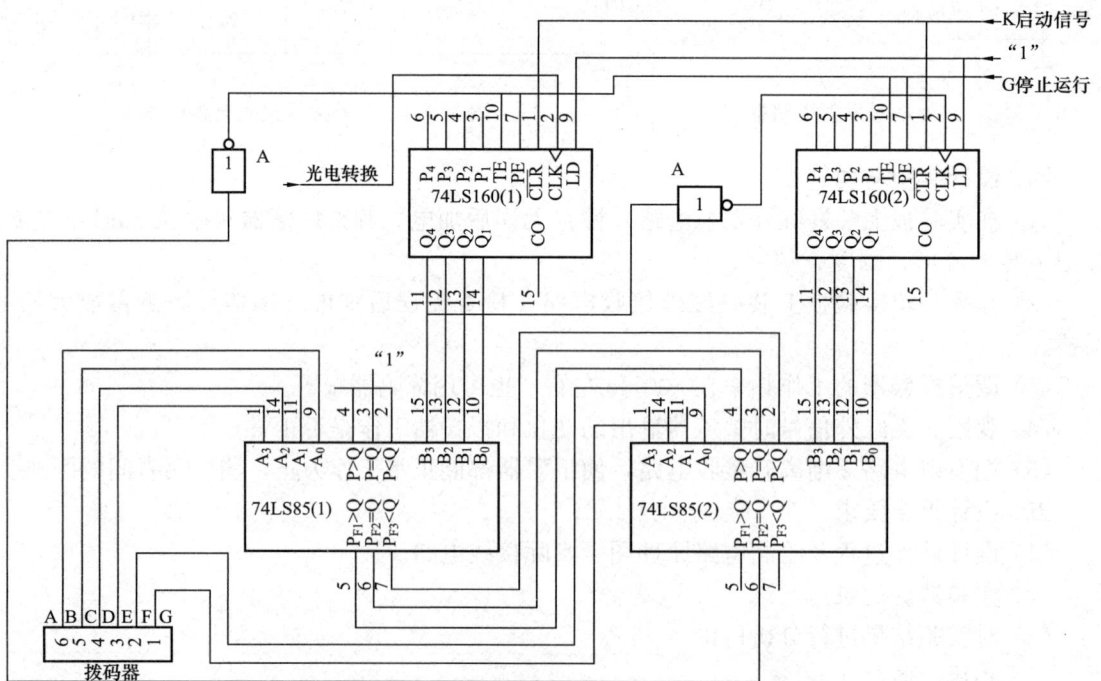

图 3.6.1　自动装箱生产线参考电路一

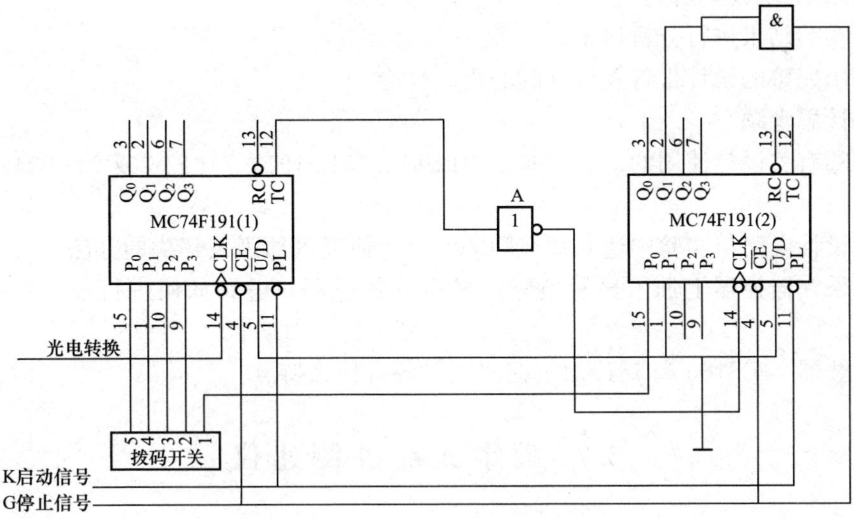

图 3.6.2 自动装箱生产线参考电路二

四、设计内容

（1）按图 3.6.1 所示的电路图连接线路。本参考电路构成自动装箱设备监控器。数值比较器将计数器的数值随时与预置的数进行比较，当预置的数和计数值相等时，产生信号 G 使计数器保持状态不变，并且停止运送饮料的设备工作。拨码盘可以改变预置数值的大小。拨码器输出用逻辑开关代替（A、C、D、E、F 接逻辑开关），光电转换先接实验箱单脉冲输出测试，正常了可光电电路及整形电路来实现，非门输出 G（即停止饮料运送信号）接发光二极管，运送饮料启动信号 K 接逻辑开关进行测试。

1）先将逻辑开关 K 置 0，计数器清零，将 FEDCBA 置为 1000100（8421BCD 码）后，再将 K 置 1，光电转换输入端输入单脉冲，观察输入几个脉冲后，发光二极管的亮灭情况。

2）再次将计数器复位后改变 FEDCBA 的数值，观察输入单防类和置数相等时，二极管的亮、灭情况。

3）在记数器输出接译码驱动数码管显示电路，显示饮料个数值。

（2）按图 3.6.2 所示的电路图连接线路。拨码器输出用逻辑开关代替（A、B、C、D、E 接逻辑开关），光电转换实验箱的单脉冲输出，运送饮料启动信号 K 的逻辑开关，两个计数器 74LS191 输出 Q3Q2Q1Q0，分别接 74LS48 或 248 译码驱动器驱动数码管显示运送饮料的计数结果。

1）将 EDCBA 预置数。EDCBA 预置欲计数值对 32 的补码，例如计数值为 24 时，则预置（32−24）＝8（即 01000）。

将逻辑开关 K 置 0，使用计数器预置开关 EDCBA 设置数，然后再将 K 置 1。

2）输入单脉冲，观察计数器的结果和输入单脉冲之间的关系。

3）改变 EDCBA 预置的初值，重做上述 1）、2）内容。

4）在记数器输出接译码驱动数码管显示电路，显示记数值。

五、设计报告要求

（1）设计计算过程及画出设计电路原理图与实际线路图。

（2）记录测试实验数据。

（3）对实验结果进行分析讨论。

（4）写出完整的设计报告及设计的心得、体会。

六、设计思考题

（1）查阅有关设计使用的 74LS160、74LS85、74LS191、74LS48 或 74LS248 的引脚图、功能表。

（2）在设计电路与实验中遇到什么问题？分析研究其原因及解决的办法。

（3）如果在监控器上加上显示电路，显示计数过程，电路如何进行设计？画出设计电路图。

（4）计数器 74LS160 和 74LS191 在使用上各有什么特点？

3.7　数字式红外测速仪

一、设计任务要求与指标

（1）用红外发光二极管、光敏三极管作为速度转换装置。

（2）测速范围：10～990r/min。

（3）两位数字显示，显示不允许闪烁。

二、设计原理与步骤

1. 红外信号测速仪框图

图 3.7.1 所示为红外信号测速仪框图，其中光电转换采用发光二极管 HG11（红外）与光敏三极管 3DU5C 组成。光电转换电路如图 3.7.2 所示。在被测速的主轴上装一遮光板，板上打一小洞（或数个小洞），调整发光二极管、小洞、光敏三极管在一直线上，距离尽可能近一些，这样当主轴旋转一周时，仅当三者在一直线时，光敏三极管才输出一个脉冲，其他位置时，由于遮光板的挡光作用，光敏三极管无输出。这样只要测量 1min 内光敏三极管输出的脉冲个数，就知道转速了，因为两者在数量上是一致的。

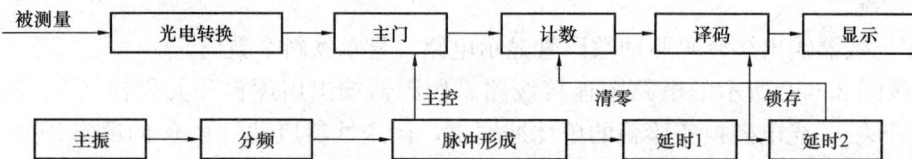

图 3.7.1　红外信号测速仪框图

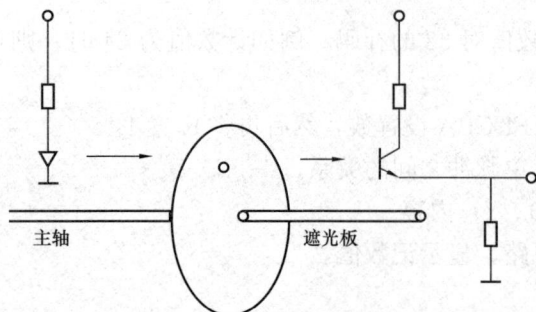

图 3.7.2　光电转换电路

主门是一个控制门，仅在其开通期间，计数脉冲顺利通过，在关闭期间计数脉冲则通不过。采用主门打开 6s，即测量 6s 内的脉冲个数，转速就等于脉冲个数乘上 10 倍，为了把这一数值显示出来，而又不闪烁，采用先锁存再译码显示。为了第二次测量，在计数值锁存后需对计数器清零，所以在关闭期间需完成锁存和清零功能。如以开门信号的后沿作标准,锁存延时为延时 1,清零延时为延时 2,可用锁存延时的结束时间作为清零延时的触发控制,其时序关系如图 3.7.3 所示。

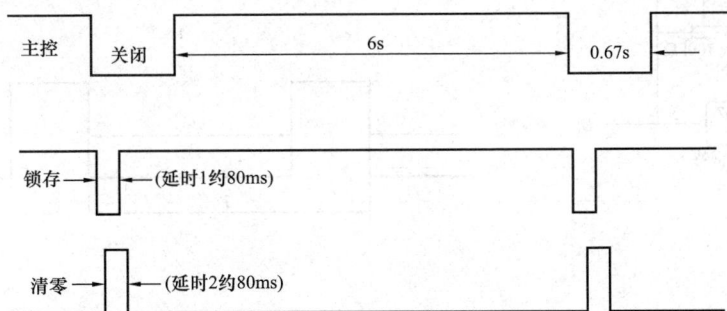

图 3.7.3　测速时序图

2. 单元电路设计计算

(1) 光电转换。为保证发光二极管 HG411 的最大电流不超过 30mA,考虑红外发光二极管的正向压将为 $1.3 \sim 1.5\text{V}$,电源电压采用 5V,则限流电阻 $R = \dfrac{5-1.4}{30} = 0.12\text{k}\Omega$,取 $R = 180\Omega$,采用图 3.7.4 所示的电路作为光电转换的模拟电路。

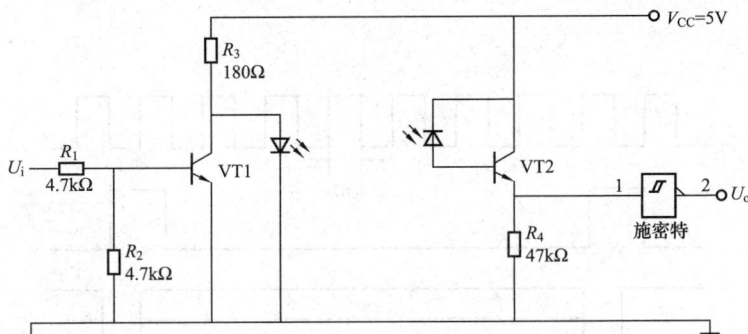

图 3.7.4　光电转换的模拟电路

采用三极管的饱和导通与截止来控制发光二极管的发光与熄灭,省去了用人工办法来模拟遮光板的作用,给电路调试带来方便。为了获得波形好的方波,光敏三极管的输出经施密特触发器整形,其中触发器选用 CD40106。

(2) 主振与分频电路。按照主控时序图 $T = 6.67\text{s}$,主振后经 400 分频,所以主频选为 $f = 400/6.67 = 60\text{Hz}$,周期 $T = 6.67/400 = 16.7\text{ms}$,选用多谐振荡器电路及时序关系分别如图 3.7.5 (a)、(b) 所示。

多谐振荡器的周期为

$$T = t_1 + t_2 = RC\ln\frac{V_{\text{th}}^{+}}{V_{\text{th}}^{-}} + RC\ln\frac{V_{\text{DD}} - V_{\text{th}}^{-}}{V_{\text{DD}} - V_{\text{th}}^{+}}$$

式中:取 $V_{\text{th}}^{+} = 2.7 \sim 2.9\text{V}$,$V_{\text{th}}^{-} = 2.1\text{V}$,$V_{\text{DD}} = 5\text{V}$,$T \approx 0.98RC$ (有些文献给出为:$T = 0.7RC$)。

在选定电容数值后，即可根据上式计算出 R 值来，但为了满足设计要求，可能在安装调试时有些变化。

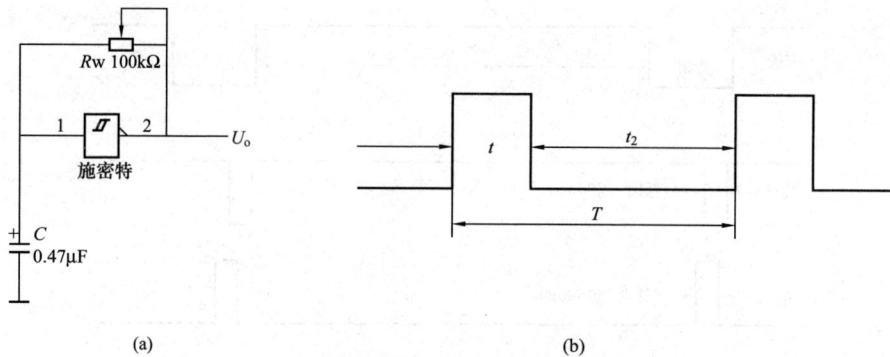

图 3.7.5　施密码特反相器组成的多谐振荡器电路及时序关系
（a）电路图；（b）时序关系

4 分频用 CD4013 双 D 触发器来完成，100 分频由 CD4518 双十进制计数器完成。

（3）主门控制信号的形式。主门开通时间为 6s，关闭时间应尽可能短一些，以便提高测量速度，同时又应使电路简化，采用最后一级十分频的 Q_0 与 Q_3 通过一与非门恰好形成高电平为 6s，低电平为 0.67s 的主门控制信号。主控电路脉冲形成的时序图如图 3.7.6 所示。

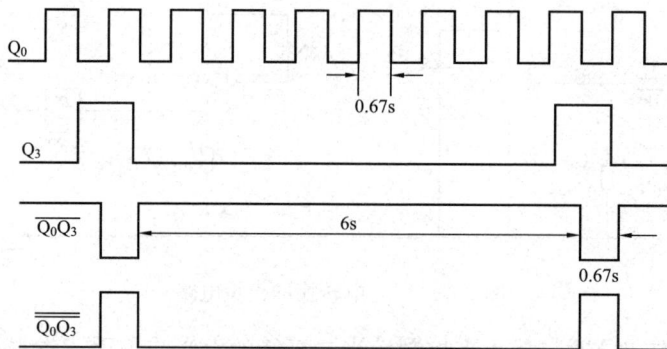

图 3.7.6　主控电路脉冲形成时序图

本电路中的计数器采用 CD4518，该计数器具有一使能端，因此主控门可以省去，而把控制信号加到 CD4518 的使能端上，这样仅当 6s 高电平时，CD4518 才计数，而在低电平期间，封锁了计数器，从而使电路更加简化。

（4）锁存和清零脉冲的形成。锁存要求负脉冲，清零要求正脉冲（这取决于采用的集成电路的类型），锁存延时取为 80ms 左右，而清零延时亦取为 80ms 左右，电路采用同一形式，由施密特触发器完成延时及整形功能。具体电路及时序关系分别如图 3.7.7（a）、（b）所示。

锁存与清零的延时脉宽的计算公式为

$$\tau_1 = R_1 C_1 \ln \frac{V_{DD}}{V_{th}}, \tau_2 = R_2 C_2 \ln \frac{V_{DD}}{V_{th}}$$

由于清零要求正脉冲，故多加了一级反相器，如图 3.7.7（b）所示。

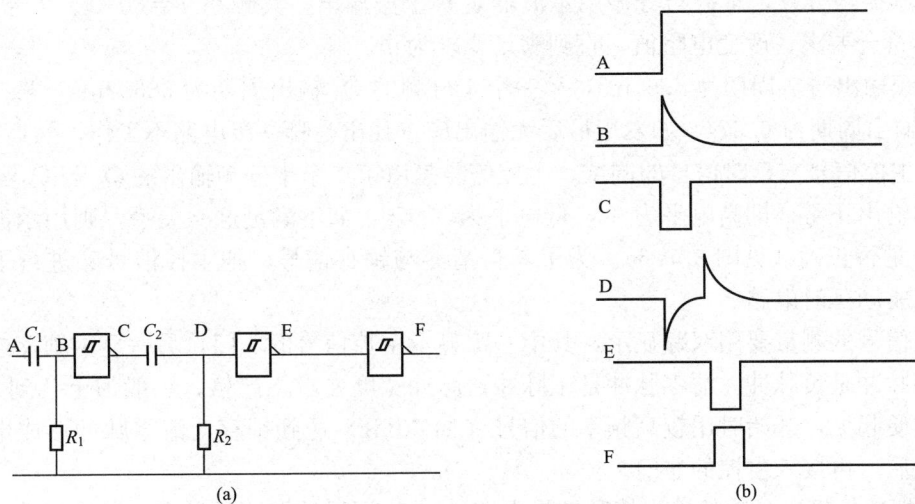

图 3.7.7　锁存与清零脉冲电路及时序关系

(a) 电路图；(b) 时序关系

（5）译码显示电路。译码器采用 CD4511，该片具有锁存功能，所以总框图中的锁存器与译码器合二为一，由 CD4511 完成，锁存脉冲已在上述（4）中讨论过了。

显示器采用共阴极数码管，但 CMOS 电路输出电压较 TTL 高，为延长数码管适用寿命，在每个数码管阴极串联一 300Ω 电阻再接到地线上，连接方法简化原理框图如图 3.7.8 所示。

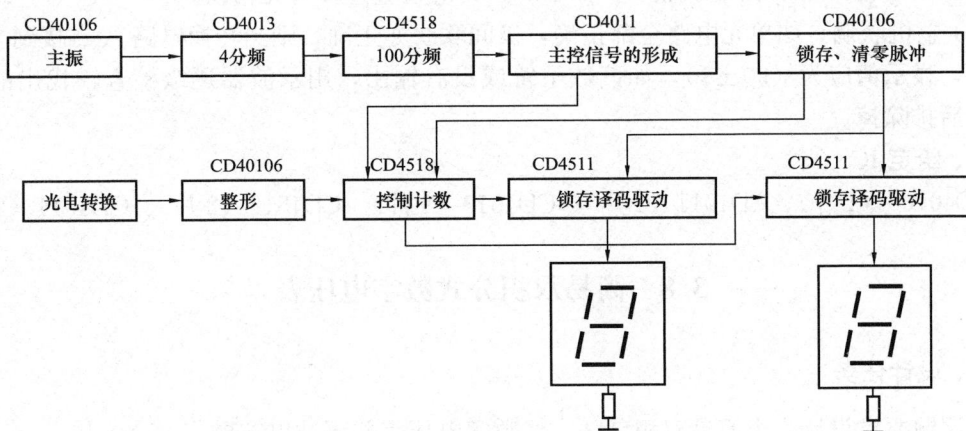

图 3.7.8　简化的电路原理图

三、电路原理图与测试要点

在所有单元电路均设计计算完毕后，即可按选定的片子画出电路原理图。下面给出的并非电路原理图，而是一个介于方框图与电路原理图之间的框图，但一定要画出电路原理图，经指导教师审查后，才能领取元件，进行安装。

按照电原理图，把电路安装好，经检查后，才可以通电进行调试，调试是先单元电路，后整机，具体步骤如下。

（1）本振与分频。本振与分振用示波器观察主振输出，其频率 $f=60\text{Hz}$，$T=16.7\text{ms}$，如周期不符合要求，改变电阻值，直到满足要求为止。

4 分频输出时，周期为 6.67ms，第一个十分频的 Q_3 输出周期为 666.7ms，第二个十分频的 Q_3 输出周期为 6.67s，如发现最后无输出应查找出是哪一级电路不工作，然后排除。

（2）主控信号与延时信号的调试。主控信号是由第二个十分频输出的 Q_0 与 Q_3 经与非门形成，如输出正常，即高电平为 6s，低电平为 0.67s，如不满足这一关系，则用示波器测量 Q_0 与 Q_3 是否正确（见图 3.7.6）。为了获得清零与锁存信号，把主控信号又进行了一次非运算，以驱动延时电路。

延时信号的测量要用双踪显示，其中一踪显示主控信号的非门，另一显示锁存或清零脉冲，锁存脉冲是负脉冲，清零脉冲是正脉冲，脉冲宽度要求不严格，一般为十几到几十 μs，为调试方便起见，开始时用较高频率的信号（如 60Hz）送到锁存，清零脉冲形成电路，经调试正确后，再接入主控的非门。

（3）把主振经 4 分频的输出接到转换电路 A 点，用示波器测量发光二极管的端电压，如其高电平为 1.4V，低电平为 0.3～0.4V，说明电路工作正常，如发现高电平是 5V，则说明发光二极管未工作，要检查发光二极管极性是否弄错、安装是否牢固或有误。排除故障后，使其高电平为 1.4V，才算正常，然后再用示波器测量光敏三极管的射极电位。使发光二极管的窗孔对准光敏三极管窗孔，距离为 5～10mm，此时应看到高电平为 5V、低电平为 0V 的方波输出，整形输出只是把信号反相一次，如无输出，主要是发光二极管、光敏三极管的位置未对准。

（4）译码显示电路。译码器上有一测试LT端，可用来进行测试，当它接 "0" 时，应显示 "8"；当 $\overline{\text{LT}}$ = "1"，按要求显示，如不对，则应检查连接有无错误。

（5）整机联调。如单元电路全部正确，极间联线亦正确，则当转换电路 A 点接到 4 分频输出时，显示值应为（90±1），如读数不符或没有输出，用示波器逐级检查，找出故障部位，然后排除掉。

四、给定 IC

CD40106（1 片）、CD4011（1 片）、CD4013（1 片）、CD4518（2 片）、CD4511（2 片）。

3.8　简易双积分式数字电压表

一、设计任务

本课题要求设计一个简易双积分 $3\frac{1}{2}$ 位数字电压表并调试出结果。

二、技术指标

（1）被测电压范围：0～+2V。

（2）测量精度：±1%。

（3）具有过量程闪烁指标。

三、设计设计原理与步骤

以被测正电压为例简要说明双积分式数字电压表的工作原理。

（一）设计原理

整个测量过程分为取样与比较两个过程。

1. 取样阶段

主控振荡器如图 3.8.1 所示，发出启动脉冲，将主门打开，计数器对 CP 计数，与此同时，多路开关 S1 接通，积分器对被测电压 U_i 进行积分，其输出电压 U_0 以正比 U_i 的斜率负向增大（见图 3.8.2），取样阶段一直延续到计数器计满其总计数容量 N_1 个 CP，计数器发生溢出脉冲（计数器自动返回零值），溢出脉冲将多路开关切换为 S1 断开，S2 接通，取样阶段告结束。

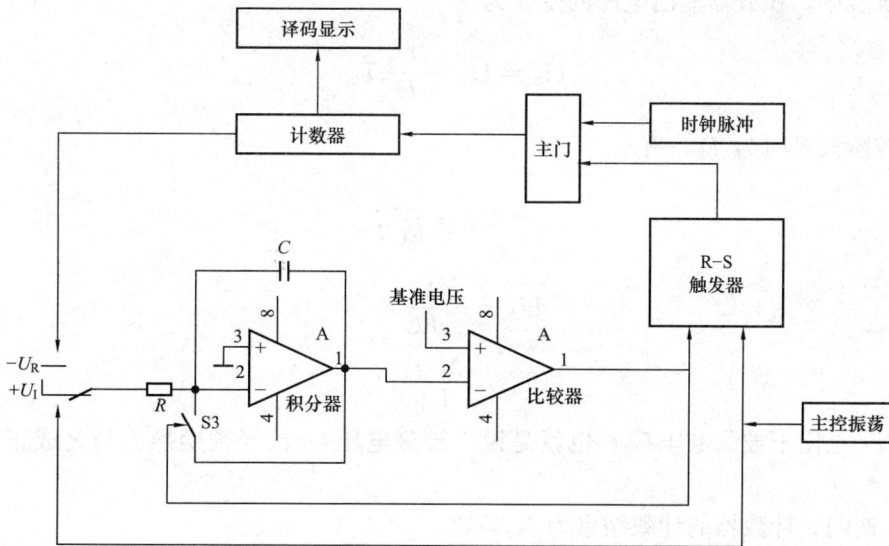

图 3.8.1 双积分式数字电压表原理图

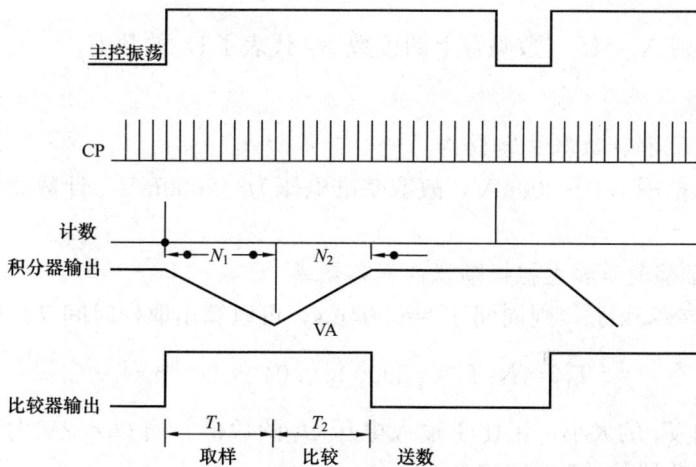

图 3.8.2 数字表波形图

设 CP 周期为 T_0，计数器总计数量为 N_1。

则取样时间 $T_1 = N_1 T_0$

取样结束时，积分器的输出电压应为：

$$U_o = -\frac{U_i}{RC}T_1 = -\frac{N_1 T_0}{RC}U_i$$

2. 比较阶段

在比较阶段中，计数器由零值继续对 CP 计数，由于 S2 接通，积分器对负基准电压 U_R 积分，其输出电压 U_o 以固定不变的斜率由 U_A 值向正向变化。当 U_A 变为零电压时，比较器输出一个负脉冲，除切断主门停止计数外，还将多路开关的 S2 切断，使积分器保持在零状态，为下次取样做好准备。

在此阶段中，积分器输出电压的变化为

$$U_o = U_A + \frac{U_R}{RC}T_2$$

设比较阶段延时为 T_2，有

$$0 = U_A + \frac{U_R}{RC}T_2$$

且

$$U_A = -\frac{U_i}{RC}T_1$$

则

$$T_2 = \frac{N_1 T_0}{U_R}U_i$$

可见 T_2 正比于被测电压 U_i，也就是说，被测电压 U_i 已经被变换为与之成正比的时间间隔。

在 T_2 期间，计数器的计数结果为 N_2，则

$$T_2 = N_2 T_0 = \frac{N_1 T_0}{U_R}U_i \quad N_2 = \frac{N_1}{U_R}U_i$$

若取 $\dfrac{N_1}{U_R} = 1$，则 $N_2 = U_i$。数码管上的读数 N_2 代表了 U_i 的数值。

（二）设计步骤

1. 基准电压 U_R 和计数器总容量 N_1

考虑被测电压范围为 0～200mV，故取基准电压为 -2000mV，计数总容量 N_1 为 2000，则 $N_2 = U_i$。

2. 时钟脉冲振荡频率和主控振荡器的振荡频率

选 CP 频率 $f_0 = 25\text{kHz}$，则周期 $T_0 = 0.04\text{ms}$，可以算出取样时间 T_1 为

$$T_1 = N_1 T_0 = 2000 \times 0.04 = 80 \text{（ms）}$$

比较阶段延时 T_2 的大小，正比于输入电压 U_i 的数值。当 $U_i = 2\text{V}$ 时，T_2 为最大，此时取样与比较两个阶段的总时间为 160ms。

显然，主控振荡器的周期必须大于 160ms。考虑到两次取样—比较过程之间应当留一定

的时间间隙，故取主控振荡器周期为 500ms，即 $f=2\mathrm{Hz}$。

3. 积分器时间常数 RC

积分器最大输入电压为 2000mV，取 $R=100\mathrm{k\Omega}$，$C=1\mu\mathrm{F}$，则

$$RC = 100\mathrm{k\Omega} \times 1\mu\mathrm{F} = 0.1 \text{（s）}$$

积分器输出电压的负峰值为

$$U_\mathrm{A} = -\frac{U_{imax}}{RC} \times T_1 = -\frac{2000}{0.1} \times 0.08 = -160 \text{（mV）}$$

此值小于 324 型运算放大器的最大输出电压，因此符合要求。

4. 主要单元电路

(1) 振荡器。由于对振荡器的技术指标无特殊要求，故采用 555 定时器组成的多谐振荡器，该电路的输出信号频率为

$$f = \frac{1.43}{(R_1 + 2R_2)C}$$

(2) 电子开关与控制电路。为简化电路设计，电子开关采用模拟开关（传输门）CD4066，该片内共有 4 组电子开关，只要在控制极上加上正电压，电子开关相当于闭合状态。整个控制电路如图 3.8.3 所示。

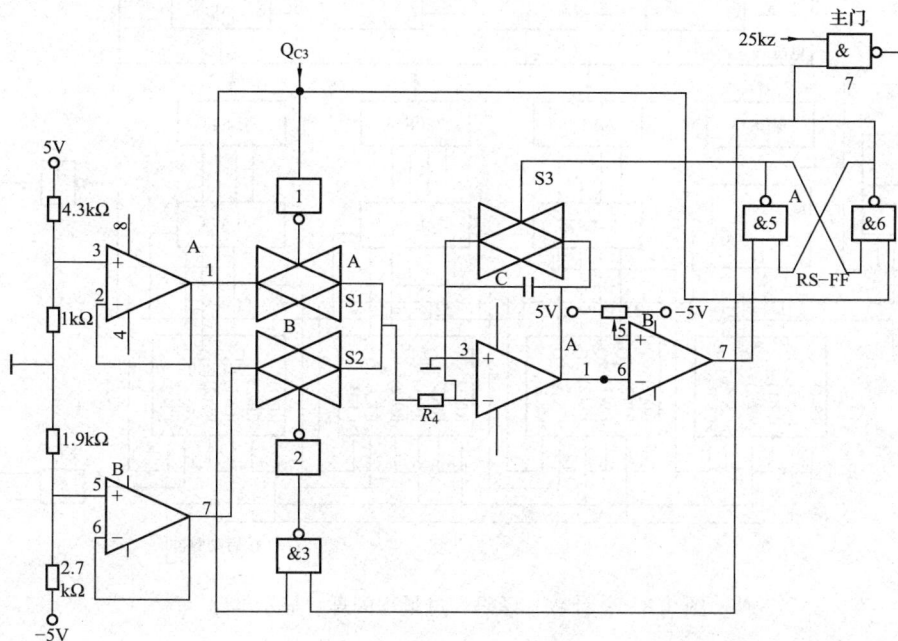

图 3.8.3　电子开关控制电路

其中控制触发器由两个与非门组成的 RS 触发器担任，Q_{C3} 为溢出脉冲，其工作原理结合图 3.8.1 与图 3.8.2 所示，自行分析。

(3) 启动脉冲由一单稳电路形成，如图 3.8.4 所示，脉宽可以选择等于 $10 \sim 20\mu\mathrm{s}$。用主控振荡器输出的正沿来触发，产生的启动脉冲把全部计数器清零。

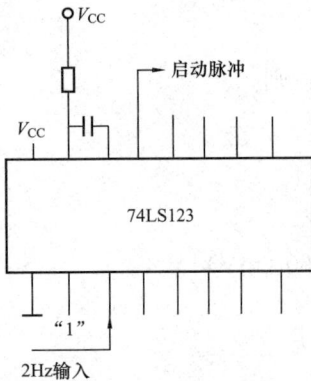

图 3.8.4　启动脉冲形成电路

（4）计数、译码电路比较明确，不再解释。

由过量程指示电路看出，送到译码器的输入量为

$$A = \overline{Q_BC + Q_DC + \overline{Q_D}\ \overline{Q_B}}$$

其中 C 代表主控振荡器的 2Hz 的输出。

当 $U_i < 2U$，$Q_D = 0$，$\overline{Q_D} = 1$，则 $A = Q_B$。

当 $1V \leqslant U_i < 2V$ 时，$Q_B = 1$，$A = 1$，显示"1"字。

当 $0V < U_i < 1V$ 时，$Q_B = 0$，$A = 0$，显示"0"字。

当被测电压 U_i 等于或超过 2V 时：$Q_D = 1$，$\overline{Q_D} = 0$，则 $A = \overline{C}$，送数信号 C 由 $f = 2Hz$ 的主控振荡器供给，故首位显示器将以 $f = 2Hz$ 的频率忽"0"忽"1"地闪烁不止。

至此，整个电路都已设计完毕，设计电路如图 3.8.5 所示。为了使大家对此电路工作更好掌握，下面再结合电路把工作过程叙述一遍。

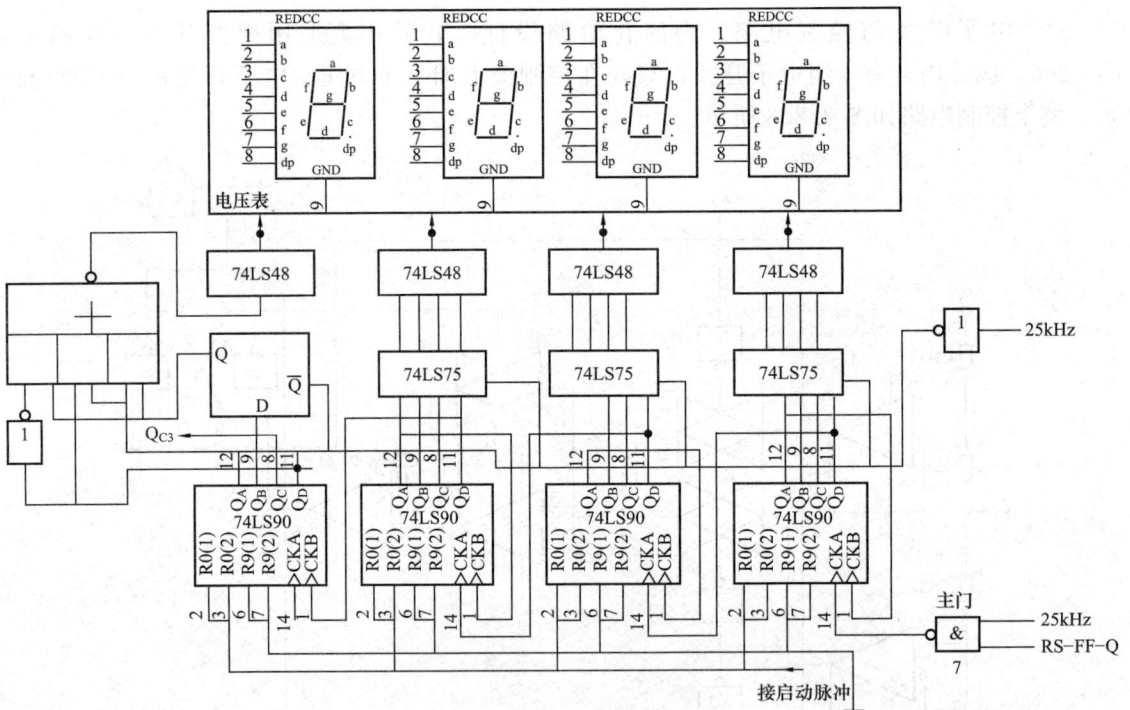

图 3.8.5　计数、译码、过量程闪烁、显示电路

（1）取样阶段。主控制振荡器每隔 500ms 出现一正沿（上升沿），它使单稳 74LS123 产生 $10\mu s$ 宽的正向启动脉冲，把全部计数器清零。同时由于 $(74LS90)_4$ 的 Q_{C3} 为"0"，经门 1 反相后，使 S1 接通，积分器对 U_i 积分。

（2）比较阶段。计数器计满 2000 个 CP 后 74LS90 的 Q_{C3} 由"0"变"1"，切断 S1，接通 S2，积分器对基准电压 U_R 积分，其输出电压由 $-U_A$ 向正向回升。与此同时，主门继续打开，计数器继续由零值开始对 CP 计数，直到积分输出电压由负值过零时，比较器发生负

脉冲，将 RS‐FF 置 "0"，封闭主门 7，停止计数，计数器终值为 N_2。同时 RS‐FF 还把门 3 封闭，即断开 S2，接通 S3，使积分器保持在零状态。

（3）送数、显示阶段。主控振荡的输出经反相后（用其下降沿），其正沿把 74LS90 的计数结果 N_2 存入寄存器，经译码后由显示器显示出来。

四、调试要点

调试的基本思路是先局部后整机。在调整好单元电路的基础上，分别调整数字电路部分和模拟电路部分，然后再联机整体总调。待电路正常工作后再调精度，最后调整过量闪烁指示。

具体调试可按下述步骤进行。

（1）调整主控振荡器和时钟脉冲振荡器，使其振荡频率等于设计值。

（2）调试启动脉冲。调试时先用较高频率方波送入 74LS123 的输入，用示波器观察其输出，使其调整到脉宽等于 $10\sim20\mu s$，然后再把 74LS123 的输入接 2Hz 方波。

（3）调整计数、译码、显示电路。调整方法：断开 RS‐FF 与比较器输出连线，改用如图 3.8.6 所示的电路连线。如 AB 接线到 Q_{D2}、Q_{A2}，则显示正确值为 0.900；如 Q_{B2} 接 A，Q_{B3} 接 B，则显示正确值为 1.200。如果显示为上述值，则说明启动电路、主控门、计数、译码、显示电路均正确，否则要找出故障点，并排除之。电路正确工作之后，把 RS‐FF 的连线恢复接到比较器输出端。

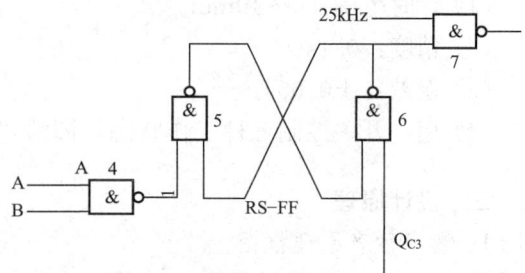

图 3.8.6 调整电路

（4）调整基准电压 $-2V$，被测电压 1.2V 到预期值。

（5）测量电子开关控制电路各点波形，各点波形的时序关系如图 3.8.7 所示。

如不符合，一般均由于联线错误所致，细心找出错误联线，并排除之。

（6）测量积分器输出波形如图 3.8.7 所示。

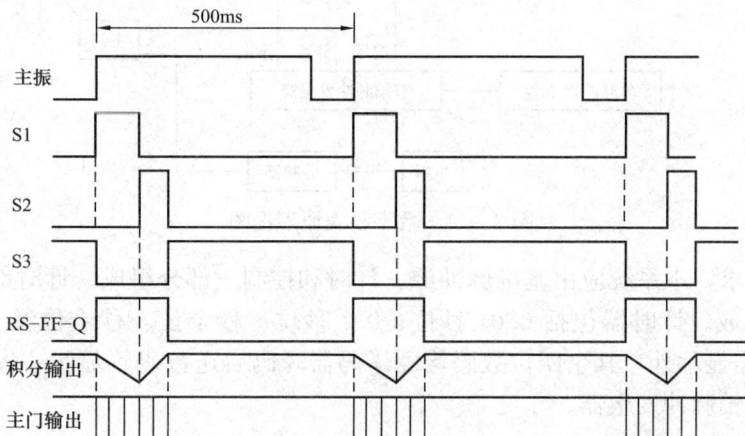

图 3.8.7 简易双积分数字电路表的波形图

（7）检测显示值与被测量值是否符合，如不符合可用另外电压表进行校准，适当调整电路参数，使二者一致。

五、设计给定 IC

LM324、CD4066、74LS123、74LS90（4 片）、74LS75（4 片）、74LS48（4 片）、74LS00（3 片）、74LS54、NE555（2 片）。

3.9　数字秒表

一、设计任务

本课题要求设计一个数字秒表，用于短时间测量，适用于田径比赛等竞技场合计时使用。

二、设计技术指标

（1）计时范围：0～10min。

（2）精度：0.1s。

（3）误差：±0.05s。

（4）用一开关控制三种工作状态，即清　零→计时→停止。

三、设计原理

1. 数字秒表原理框图

数字秒表原理框图如图 3.9.1 所示。

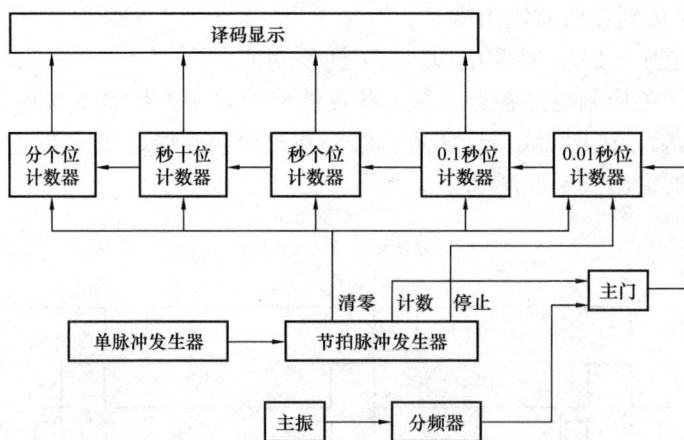

图 3.9.1　数字秒表原理框图

根据设计要求，本系统应由基准脉冲源、计时和控制三部分组成。计时部分由计数、译码及显示电路组成。计时器包括 0.01 秒位、0.1 秒位、秒个位、秒十位及分个位计数器，除 0.01 秒位不需显示外，其余四位数码均经译码器译码后送数码管显示。控制部分包括单脉冲发生器和节拍脉冲发生器。

2. 基准脉冲源

基准脉冲源由主振器及分频器组成，用来产生 100Hz 时间标准信号。考虑到精度及所用器材的限制，选主振频率为 10kHz，再经两级十分频后即可得到 100Hz 基准脉冲信号。主振器采用 NE555 构成的多谐振荡器，分频器可采用 74LS90 或类似功能的计数器。

3. 计时部分

计数器选用五块 74LS90 组成。秒个位和秒十位为 60 进制计数器，分个位、0.1 秒位为十进制计数器，均采用 8421BCD 码。

为了满足 $\pm 0.05s$ 的误差要求，0.01 秒位采用 5421 编码的十进制计数器，在计数停止时用 0.01 秒位的 Q_A 状态对 0.1 秒位进行四舍五入处理。译码部分可选用 74LS48（四片）来实现，并用四个 LED 共阴数码管显示。

4. 控制部分

控制部分由单脉冲发生器、节拍脉冲发生器、主门等部分构成。

（1）单脉冲发生器。单脉冲发生器原理图如图 3.9.2 所示。由基本 RS 触发器构成单脉冲发生器，为节拍脉冲发生器提供时钟脉冲。每按动一次开关 S，Q 端产生一个单脉冲，用以控制三种工作状态的转换。

（2）节拍脉冲发生器。节拍脉冲发生器之一如图 3.9.3 所示。可选用一片 74LS194 构成三位环形计数器来实现。74LS194 为四位双向移位寄存器，接成具有右移功能的环形计数器，环形计数器的状态转换图为 $\rightarrow 100 \rightarrow 010 \rightarrow 001 \rightarrow$ ，环形计数器的输出 $Q_0 Q_1 Q_2$ 分别作为清零信号、计时信号和停止信号。S1 端外接的 R、C 是加电置数电路。也可选用一片十进制计数/脉冲分配器 CD4017 构成三位环形计数器来实现，如图 3.9.4 所示。4017 的引脚图和波形图（见附录 1），在 CP 信号作用下从 $Q_0 \sim Q_9$ 依次出现一个正脉冲。图 3.9.4 中 RC 为开机复位电路，使 $Q_0 = 1$，其他 Q 端为 0，Q_0 可作为各计数器的清零信号。当来一个 CP 时 $Q_1 = 1$，而其他 Q 端为 0，Q_1 可作为计时控制脉冲，再来一个 CP，$Q_2 = 1$，作为停止计时脉冲，再来一个 CP，$Q_3 = 1$，该信号经 D 引至复位端 R 使 $Q_0 = 1$，完成一个计时周期，图 3.9.4 中 D 为隔离二极管，其作用是将开机时 R 端瞬时高电平与 Q_3 隔离。

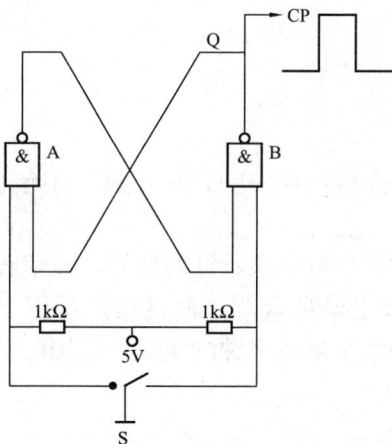

图 3.9.2 单脉冲发生器原理图

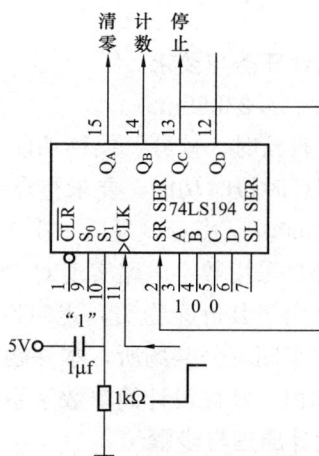

图 3.9.3 节拍脉冲发生器之一

5. 工作过程简述

以移位寄存器组成的节拍脉冲发生器为例，当接通电源时，加电置数电路使环形计数器

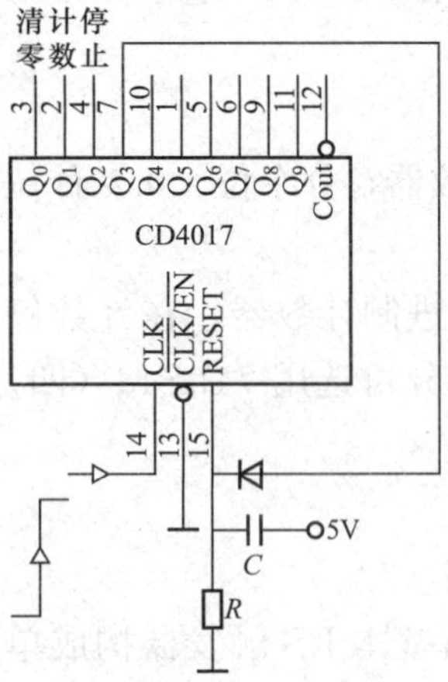

图 3.9.4 节拍脉冲发生器

置为 $Q_0Q_1Q_2=100$，各计数器清零之后置数信号自动撤销，此时 $S_1S_0=01$ 寄存器处于右移工作状态，且 $S_R=0$。按动开关 S，环形计数器的 $Q_0^{n+1}Q_1^{n+1}Q_2^{n+1}=010$，由于 $Q_1^{n+1}=1$，打开主门，计数器开始计数，秒表开始计时，此时 $S_R=0$。计时终了时，再按动一次开关 S，环形计数器为 $Q_0^{n+1}Q_1^{n+1}Q_2^{n+1}=001$，由于 $Q_2^{n+1}=1$，使 0.01 秒位计数器清零。由于 0.01 秒位计数器采用的是 5421 码连接，当该位计数≥5 时，其输出 $Q_AQ_BQ_CQ_D=1000\sim1100$，即 $Q_A=1$，清零后 Q_A 产生的负跳变送到 0.1 秒位的 CP 端，使之加 1；反之若 0.01 秒位所计之数小于 5，则 $Q_A=0$，清零后 $Q_A=0$，清零后 Q_A 无负跳变，0.1 秒位不加 1，从而实现了四舍五入，使计时误差达到 ±0.05 秒的指标。此时高 4 位并未清零，所以计时数字经译码显示出来。此时由于 74LS194 的 $Q_0Q_1Q_2=001$，则 $S_R=1$，为下次计时做好准备。

四、调试步骤

（1）调主振器，使频率及波形满足要求。

（2）调分频链，用示波器检查是否 100 分频。

（3）调节拍脉冲发生器，检查电路逻辑功能。

（4）调试秒、分计时电器。

（5）总调。

五、设计给定 IC

74LS48（4 片）、74LS90（7 片）、74LS00（1 片）、74LS32（1 片）、74LS08（1 片）、74LS194（1 片）、NE555（1 片）。

3.10 数 字 钟

一、设计任务与要求

（1）能显示 23h59m59s。

（2）具有校时、校分、校秒功能。

（3）整点时报时功能，要求整点差 10s 开始每隔 1s 鸣叫一响，共五响，每响持续时间为 1s，前四次 500Hz 声音，最后一次 1000Hz。

数字钟是采用数字电路实现对"时"、"分"、"秒"数字显示计时装置，数字石英钟作为电子手表，由于其价廉物美，走时准确，而为男女老幼所喜欢，而且已广泛用于车站、码头、剧场、车间等公共场所，本课题是为了帮助同学了解数字钟的组成，运用已学过的数字电路基本知识，掌握设计简单数字系统的方法。

二、设计原理与步骤

1. 数字钟原理框图

数字钟原理框图如图 3.10.1 所示。

其中主振、分频器提供精确的 1s 信号，秒、分计数器是 60 分频电路，时计数器是 24 分频电路。

2. 主振器

主振器用来产生时间标准信号，数字钟的精度主要由它来确定，目前市场供应的电子表均采用石英晶体振荡器，其频率为 32.768kHz，由于实验器材限制，用多谐振荡器代替，主频选择 1～2kHz，原因之一是考虑到报时要求有 1kHz 的信号。

图 3.10.1 数字钟原理框图

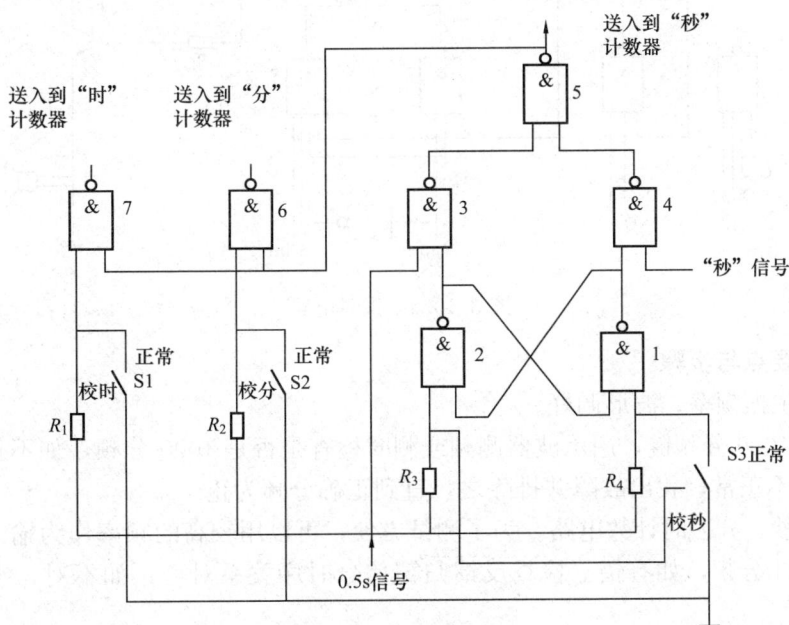

3. 分频器

如主频为 1kHz，只需三级十分频即可完成输出秒信号的作用，分频器采用 74LS90 或类似功能的计数器。

4. 秒、分、时计数电路

为了完成 60 分频，可以采用两块十分频片子，用反馈归零法完成 60 分频功能，时计数电路也可用两块十分频片子，用反馈归零法完成 24 分频功能。

5. 校时电路的设计

实现校时电路的方法很多，本设计采用原理框图 3.10.2 所示的方案。

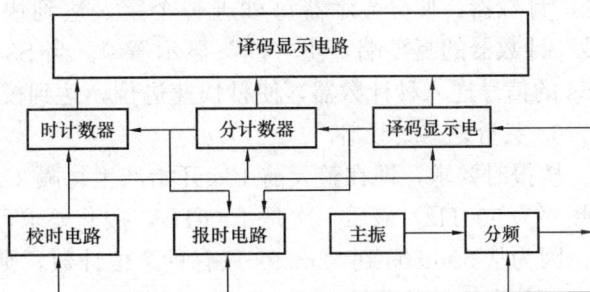

图 3.10.2 校时原理框图

图 3.10.2 中 S1、S2、S3 分别用来实现"时"、"分"、"秒"的校准，当开关处于正常工作位置时，与非门 7、6、3 被封锁，校准信号不能通过三个与非门，时、分、秒计数器按正常计数，当开关 S1 置于"校时"时，与非门 7 打开，从与非门 5 输出的"秒"信号直接进入"时"计数器，使小时显示每秒进一个字，达到快速校对的目的，同时此"秒"信号送入"分"计数器的复零端，使"分"显示位置 0，校准完毕把开关转换到正常工作位置，在分校准时 S2 置于"校分"位，与非门 6 处于开启状态，从与非门 5 输出的秒信号直接进入

"分"计数器，使分显示器每秒进一个字，达到快速校分的目的，同时此"秒"信号送入"秒"计数器的复零端，使"秒"显示置 0。当 S3 转换到校秒位置时，与非门 3 打开，让 0.5s 的信号送入秒计数器，使秒快速进位，达到校秒的目的。

6. 报时电路的设计

按报时要求，即在整天前 10s 开始产生每隔 1s 的鸣叫声，响声持续时间为 1s，前四次声频率为 500Hz，最后一次是 1000Hz，按此要求可以采用图 3.10.3 所示的报时电路。

因为从 59m50s 到 59m59s 只有秒个位计数，则分十位计数器的输出为 $Q_{D9} Q_{C9} Q_{B9} Q_{A9} = 0101$，分个位计数器输出为 $Q_{D8} Q_{C8} Q_{B8} Q_{A8} = 1001$，秒十位计数器的输出为 $Q_{D7} Q_{C7} Q_{B7} Q_{A7} = 0101$，因此 $Q_{C9} = Q_{A9} = Q_{D8} = Q_{A8} = Q_{C7} = Q_{A7}$ 可作为控制信号，再用 Q_{D6} 和 $\overline{Q_{D6}}$ 作为另一输入，Q_{A6} 作为第三输入，这样 51s、53s、55s、57s 用 500Hz 报响，然后在 59s 时用 1000Hz 报响。

7. 译码显示电路

本方案采用 74LS48 作为译码驱动电路，显示器用 LED 七段数显，此处不再赘述。

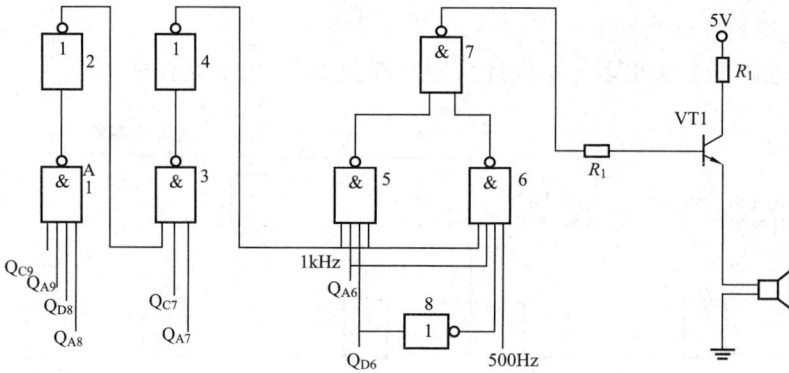

图 3.10.3　报时电路

三、调试要点与步骤

（1）先把主振频率、波形调好。

（2）调试 1000 分频链，用示波器测频或测时检查是否是 1000 分频，如不正确，要确定是哪一级工作不正常，找出故障并排除之，直到正确分频为止。

（3）调试秒、分、时计数电路。为了测试方便，可以用较高的频率作为输入，检查是否是 60 分频和 24 分频，如有错，检查反馈归零信号时序关系对否；如不对，查找接线错误处，并排除之。

（4）调试校时电路之功能是否正确。

（5）调试报时电路功能是否正确。

（6）总调。

四、课题给定 IC

7490（6 片）、74LS162（3 片）、74LS48（6 片）、74LS00（5 片）、74LS20（2 片）、NE555（1 片）。

3.11 多用时间控制器

一、设计任务

本课题应含数字钟，设计一个可在一天 24h 内任意分钟时刻设置存储记忆，并在时钟走到设置时间时输出控制信号，对多路（如四路）用电器进行开关控制。按照上述要求设计自动打铃器，在上下课时间打铃，铃响时间延续 6s。

二、设计的技术指标

(1) 走时精度，每日误差≤1s。

(2) 启动控制时间误差不超过 1min。

(3) 控制时间可以任意设置（如铃响时间 6s，音乐声 30s、电饭锅 30min）。

三、设计原理与步骤

1. 原理框图

根据设计要求，本系统应由时基电路、时间显示电路以及时间存储与驱动控制电路三部分构成，如图 3.11.1 所示，框图中用虚线分开。

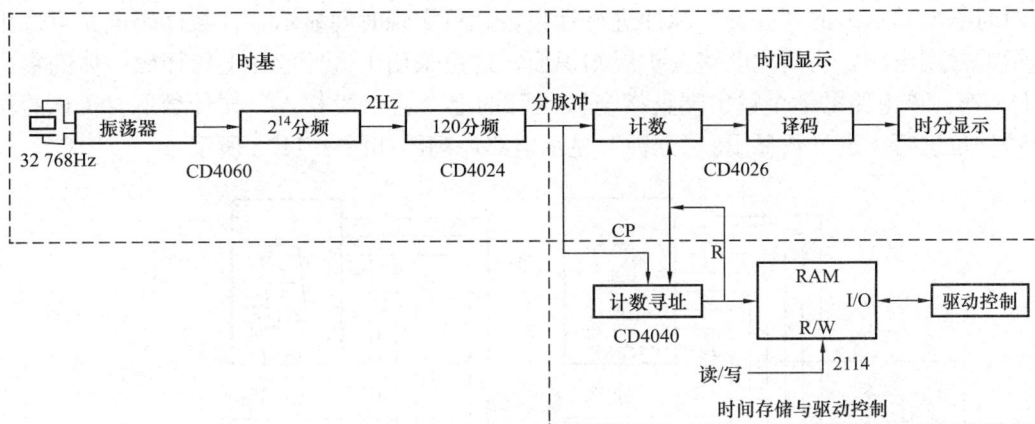

图 3.11.1 系统原理框图

时基电路由多谐振荡器和分频器组成，其输出为"分钟"脉冲信号，分别送至时间显示和时间存储与驱动控制电路。时间显示电路由计数、译码、显示电路组成，由于启动控制时间只需精确到分钟，所以时间显示可用四位分别表示小时、分钟。时间存储与驱动控制电路由计数寻址、时间存储及驱动控制电路组成，课题要求系统具有对任意分钟时间的设置功能，即将需要启动控制的时间通过 I/O 通道写入存储器，当显示器上显示的时间与存储器中设定的启动时间相同时，I/O 通道输出控制信号驱动受控对象工作，因此需要用 RAM 对启动时间进行存储，还应有一个二进制计数器实现对 RAM 的寻址功能，这样每来一个分脉冲，计数器改变一下 RAM 的地址，RAM 中相应地址存储的信息经 I/O 口送到驱动电路。

2. 时基电路

为提高计时精度，多谐振荡器采用电子表用频率为 32 768Hz 的晶体和非门构成，为使电路简单，振荡器和分频器合用一片 CD4060 完成。CD4060 是一个 14 位的二进制串行计数/分频器，它本身带有两个非门，可供构成多谐振荡器，其接线方法如图 3.11.2 所示。

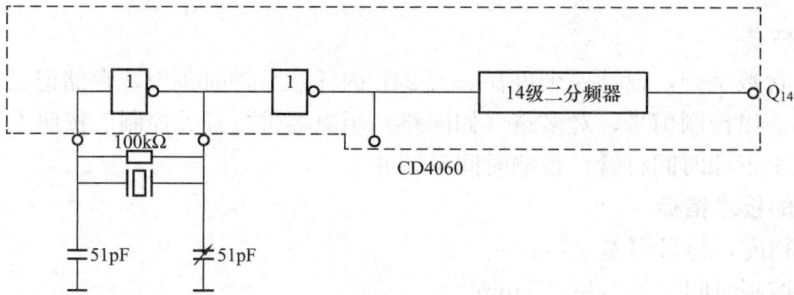

图 3.11.2　用 CD4060 构成振荡器和分频器

其中 R_f 为非门的偏置电阻，它将该非门偏置在放大状态，微调 C_T 可使振荡器准确工作在 32 768Hz 频率上，Q_{14} 是经过 14 级二分频后的输出信号，其频率为 2Hz。对 Q_{14} 再进行 120 分频，就可以得到周期为 1min 的计时脉冲。

3. 时间显示电路

对时基电路送来的"分钟"脉冲进行计数，就可实现时间显示，计数译码电路可选用教材介绍的常用电路，为简化电路及扩展知识面，这里采用十进计数、七段译码一体的集成电路 CD4026，该电路的七个输出端直接与数码管的七个显示段相连，在计数脉冲 CP 的作用下，每一位进行十进计数显示。"分钟"显示电路原理图如图 3.11.3 所示。

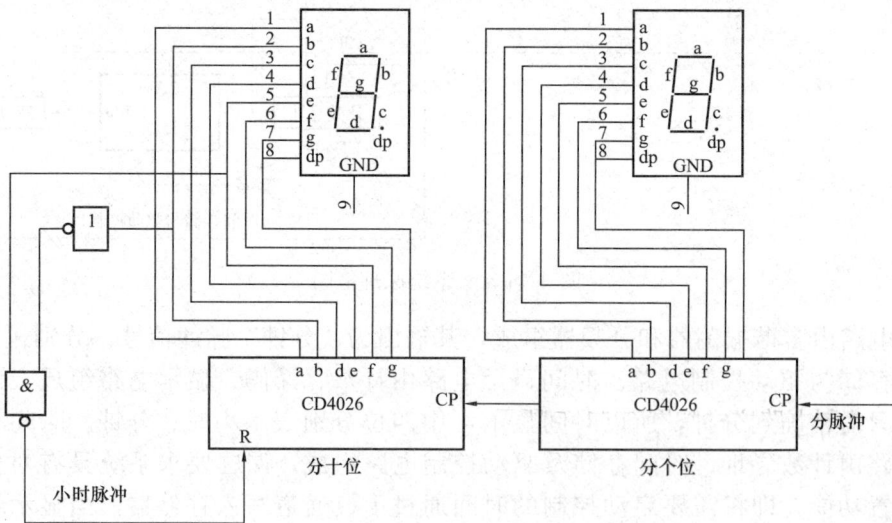

图 3.11.3　"分钟"显示电路原理图

分个位是十进计数，故无需特殊接线，而分十位是六进计数，即当在 0～5 时正常显示，而在"6"时应强迫其复位归零，观察数码管在显示 12345 时，e $\overline{b}$ 均为 0，只有在显示 6 时，e $\overline{b}$=1，可以把 e $\overline{b}$ 引出送到 CD4026 的复位端 R 实现分十位的六进制。

类似地，也可设计出"小时"二十四进制电路，但较为麻烦，可以用下面的计数寻址电路在计满 24h 后给出的信号来清 0，从而实现小时的二十四进制。

4. 时间存储与驱动控制电路

24h 共有 1440min，每分钟的信息都应存入 RAM 中，若 RAM 输出控制四路电器，则需占用四个通道（4 个 I/O 口），RAM 的容量需 1440×4 位，采用二片容量为 1024×4 位的 RAM2114 扩展来实现，而计数器采用 12 位二进制串行计数器/分频器 CD4040 接成 1440 进制，当计数器计满 1440（即 24h）时，经与门给出一个高电平信号，同时送到时间计数器和寻址计数器清口。时间存储及寻址电路原理图如图 3.11.4 所示。

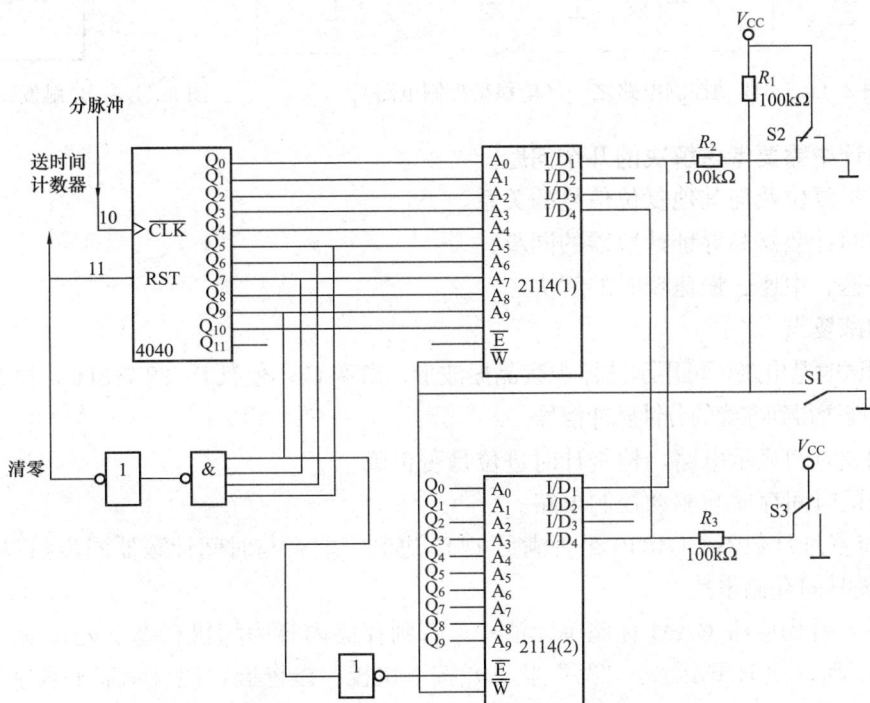

图 3.11.4　时间存储及寻址电路原理图

在分钟脉冲作用下，时间计数器和寻址计数器同时计数。当 CD4040 计数在 $0 \sim 1023$ 时，其 $Q_{10} = 0$，2114（1）工作，计数大于 1024 时，$Q_{10} = 1$，使 2114（2）工作，这样 2114（1）和 2114（2）的地址就是连续的。当 2114（2）计到 4169（即 CD4040 计到 1440，也就是 24h）时，与门输出高电平同时送到两种计数器清 0。当 S1 闭合时向 RAM 写入数据，写入 1 或 0 由 S2（S3）的状态决定，当 S1 打开时从 RAM 读出数据，该数据与 S2（S3）状态无关。驱动控制电路之一如图 3.11.5 所示。

图 3.11.5 中两个 RAM 相应的 I/O 口并联输出，虚线框内是由定时器 NE555 组成的单稳电路，输出脉宽 $t_w = 1.1 R_1 C_3$，R_2 为上拉电阻，C_2 为微分电容，VD1 为限幅二极管，VT 作为功率开关，给继电器 K 提供所需的电压电流。虚线框的电路也可采用集成单稳触发器 CD4528 来实现。当时钟未走到预置启动控制时间时，RAM 输出低电平，非门输出高电平，NE555 处于稳态（低电平），VT 截止，K 释放，用电器不工作。当时钟走到预置时间时，RAM 输出高电平，非门输出的低电平使单稳电路输出高电平脉冲，VT 饱和，K 吸合，它可以控制用电器（如电铃）短时间工作。若控制时间较长（如几十分钟至几小时），可把单稳型控制电路改为开关型控制电路，即把图 3.11.5 中虚线框内的单稳电路改用 D 触发器接成计数状态，如图 3.11.6 所示。

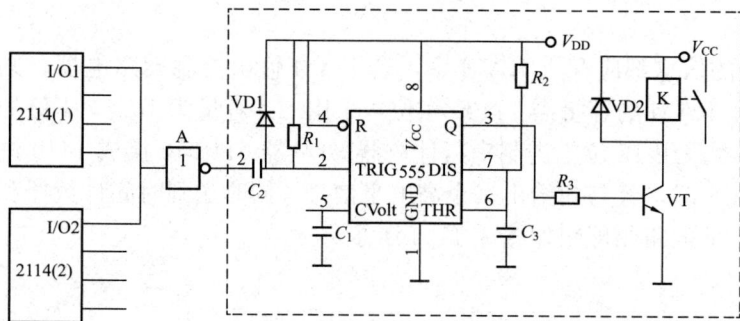

图 3.11.5 驱动控制电路之一（单稳型控制电路）

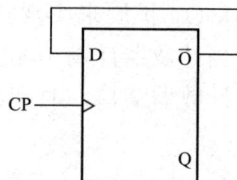

图 3.11.6 D 触发器接成计数状

四、设计中需要考虑解决的几个问题

(1) 开机复位及与其他复位信号的关系。

(2) 时间计数器和寻址计数器的同步。

(3) 快速、中速、慢速校时的解决。

五、调试要点

(1) 调试时基电路，可用示波器观察晶振波形，微调 Cr，使其 $f = 32\,768\text{Hz}$，检查分频结果是否正确，能否得到准确的分钟脉冲信号。

(2) 调试时间显示电路，检查计时进位是否正确。

(3) 调试时间存储与驱动控制电路。

1) 检查寻址计数器 CD4040 是否满足 1440 进制，能否与时间计数器同步归零。

2) 调试时间存储电路。

开机后，首先应将 RAM 存储单元清零，否则存储内容为随机状态。先将 S2、S3 置 0，按下 S1 键不动，使 RAM 处于"写"状态，按下快校、慢校键，使显示器上数字不断递增，直至回到初始显示数字为止，这样就将 24h 时间所对应的所有 RAM 单元的内容均变成"0"电平。之后，可输入控制时间，可选择一两个控制时间逐个输入。如果只使用一个通道，可将该通道开关（如 S2）扳至 1 位置；如果同时使用 2 个通道，可将对应开关（如 S2、S3）同时扳至 1 位置，然后分别按下快校、慢校键，调到显示器显示的控制时间时，按一下 S1 键，S1 键抬起后，该 I/O 为高电平，这就设置好了一个控制时间。

按照上述方法，也可以取消已设置的控制时间，只需将有关通道开关扳至 0 位置，其他操作同上。

3) 调试驱动控制电路，按照"稳态"和"触发"两种情况检查是否符合设计要求。

六、设计给定 IC（共 14 片）

CD4060、CD4024、CD4026（4 片）、CD4040、CD4069、CD4082（2 片）、2114（2 片）、NE555、CD4013。

3.12 集成电路八人抢答器

一、设计任务

采用集成电路设计一八人抢答器。

二、设计要求与指标

(1) 抢答器同时供 8 名选手或 8 个代表队比赛，分别用 8 个按钮 S0～S7 表示。

(2) 设置一个系统清除和抢答控制开关 S，该开关由主持人控制。

(3) 抢答器具有锁存与显示功能。选手按动按钮，锁存相应的编号，并在 LED 数码管上显示，同时扬声器发出报警声响提示。选手抢答实行优先锁存，优先抢答选手的编号一直保持到主持人将系统清除为止。

(4) 抢答器具有定时抢答功能，且一次抢答的时间由主持人设定（如 30s）。当主持人启动"开始"键后，定时器进行减计时，同时扬声器发出短暂的声响，声响持续的时间 0.5s 左右。

(5) 参赛选手在设定的时间内进行抢答，抢答有效，定时器停止工作，显示器上显示选手的编号和抢答的时间，并保持到主持人将系统清除为止。

(6) 如果定时时间已到，无人抢答，本次抢答无效，系统报警并禁止抢答，定时显示器上显示 00。

三、预习要求

(1) 复习编码器、十进制加/减计数器的工作原理。

(2) 设计可预置时间的定时电路。

(3) 分析与设计时序控制电路。

(4) 画出定时抢答器的整机逻辑电路图。

四、设计原理与参考电路

1. 数字抢答器总体方框图

图 3.12.1 所示为数字抢答器总体方框图。其工作原理为：接通电源后，主持人将开关拨到"清除"状态，抢答器处于禁止状态，编号显示器灭灯，定时器显示设定时间；主持人将开关置"开始"状态，宣布"开始"，抢答器工作。定时器倒计时，扬声器给出声响提示。选手在定时时间内抢答时，抢答器完成"优先判断、编号锁存、编号显示、扬声器提示"。当一轮抢答之后，定时器停止，禁止二次抢答，定时器显示剩余时间。如果再次抢答必须由主持人再次操作"清除"和"开始"状态开关。

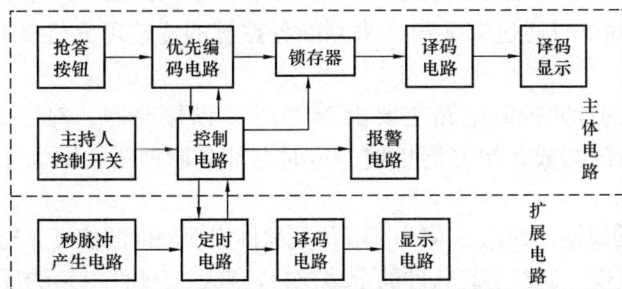

图 3.12.1 数字抢答器总体方框图

2. 系统硬件组成框图

系统硬件组成框图如图 3.12.2 所示。

3. 抢答器主体电路设计

抢答器的主体主要由 CD4532 八输入优先权编码器、CD4042 四 D 锁存器、CD4511 七段译码驱动器、CD4514 的 4 线- 16 线译码器组成。CD4532 八输入优先编码器的功能作用是将八路按键的输入转化成三位二进制编码，同时由 GS 端指示编码的有效性。没有键按下时 GS 为低电平，输

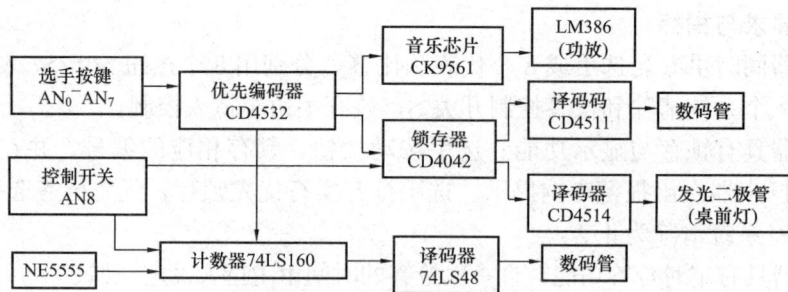

图 3.12.2　系统硬件组成框图

出无效的 000；反之，GS 为高电平，此时的代码有效，如果为 000 则是 0 号键的代码。之所以采用优先权编码器，是考虑如果有多个键真正同时按下时，稳定输出这几个键中优先权最高的键的代码。电路的关键之处是对 CD4042 四锁存器的巧妙利用，其 CLK 端与 $\overline{Q_0}$ 相连。由其功能表可知，无任何键按下时，CD4532 编码器的 GS 端为 0，故锁存器的 CLK 端为 1，译码器的 BI 端为 0，译码器的 INH 端为 1，由于锁存器的 POL 模式控制端为 1，故其各锁存器的输出跟随对应输入的变化，$Q_1 \sim Q_3$ 为无效的 000，锁存器处于一个稳态。此时，CD4511 译码器处于消隐状态，数码管无任何显示，而 CD4514 处于输出禁止状态，指示灯也全灭。

当 $AN_0 \sim AN_7$ 中有任何一个键按下时，编码器输出有效数据的同时，其 GS 端变为 1，该组数据（包括 GS）到达锁存器输出端时 CP 端获得下降沿，数据被锁存的同时禁止了后续输入，也就是说抢先选手的编号被锁存的同时，屏蔽了后续选手的动作。此时两个译码器正常工作，数码管显示抢先选手的编号，该选手面前的灯也点亮了。当主持人按下 AN8 时（此时，$AN_0 \sim AN_7$ 应该无键按下，编码器的 GS 端为 0），锁存器的 POL 端变为 0，由功能表知锁存器先是处于跟随状态，其 CP 端恢复为 1，然后是 CP 的正跳变使锁存器转为锁存状态（即无效数据状态），CD4511 译码器消隐，CD4514 输出禁止。AN8 松开，POL 端恢复为 1，锁存器又回到初始的跟随状态，为下一轮抢答做好准备。

电路中的音响电路由音乐 IC 和功放 LM386 组成。音乐 IC 可选用 CK9561，根据具体情况选取声音。音乐 IC 的触发信号来自于编码器的 GS 端，有键按下时，GS 为 1 即可触发音乐发音，所以可以在调试时通过有无声音来判断各按键的连接可靠性。抢答器主体电路原理图如图 3.12.3 所示。

抢答器扩展部分的计时控制电路主要由 NE555 多谐振荡器、74LS160 计数器、74LS48 译码器、74LS00 与非门构成。抢答器扩展—定时器部分原理图如图 3.12.4 所示。

4. 安装及调试

通过设定仿真器的属性，即选定 Multisim 仿真软件实现硬件的仿真。对应主体电路和扩展电路两方面在硬件电路实现，通过仿真软件的全速执行，来观察硬件电路的反应是否正常。通过反复多次调试，通过单步执行操作，观察软件中单条程序的运行是否与硬件各控制信号的动作相一致。调试过程中，发现一步操作结果不对，便分析原因进行修改，直到整个系统正常运行。抢答器主体电路仿真图如图 3.12.5 所示（图为 5 号选手抢答结果显示）；抢答器扩展—定时器部分仿真图如 3.12.6 所示。然后进行硬件安装调试，只要电路安装没有错误，便能成功运行实际电路。

五、设计电路给定的元器件

CD4532、CD4042、CD4511、74LS160、74LS48、NE555、74LS00、74LS04、排阻、电阻、开关、数码管、LM386 等。

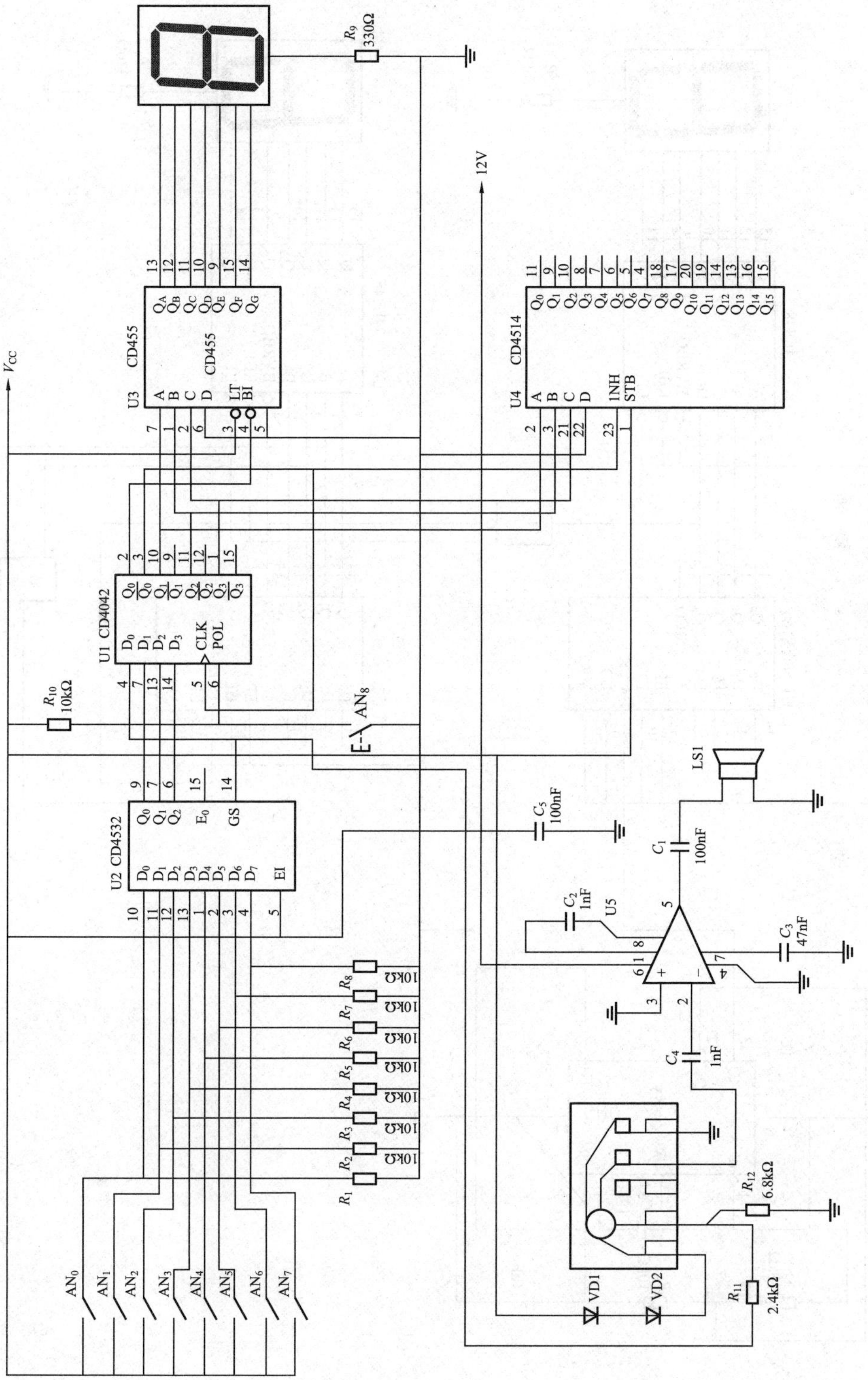

图 3.12.3 抢答器主体电路原理图

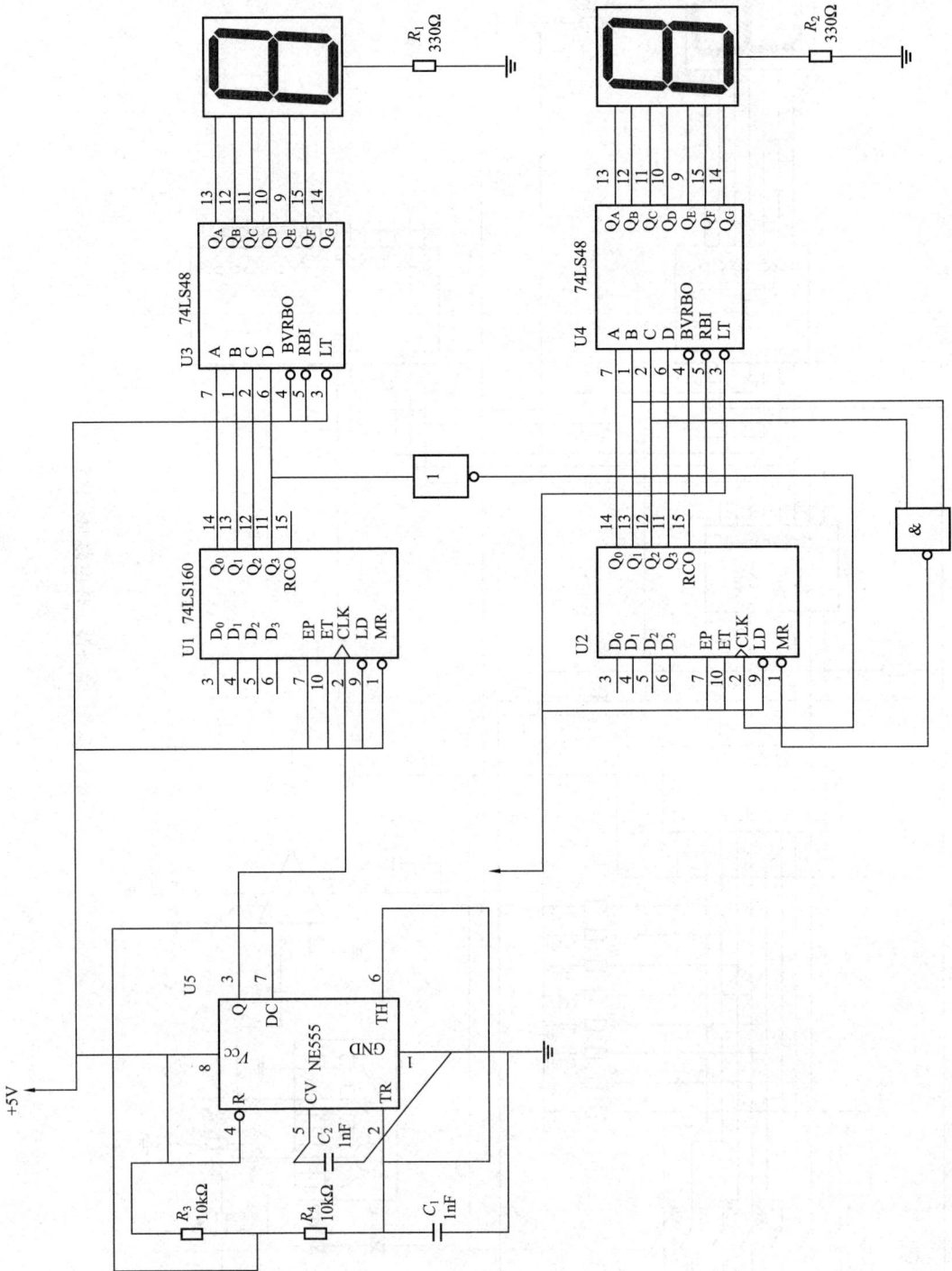

图 3. 12. 4 抢答器扩展—定时器部分原理图

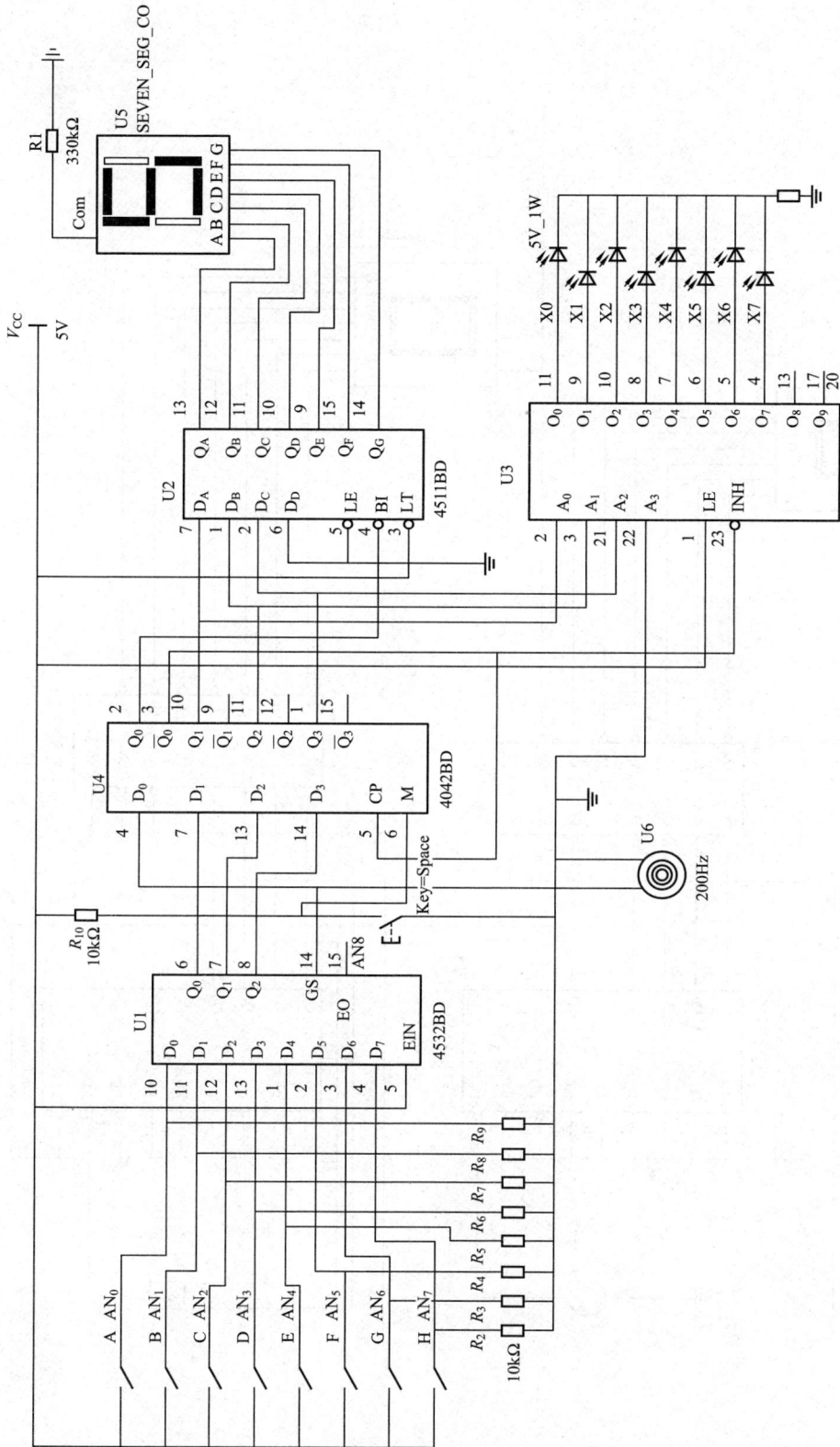

图 3.12.5 抢答器主体电路仿真图

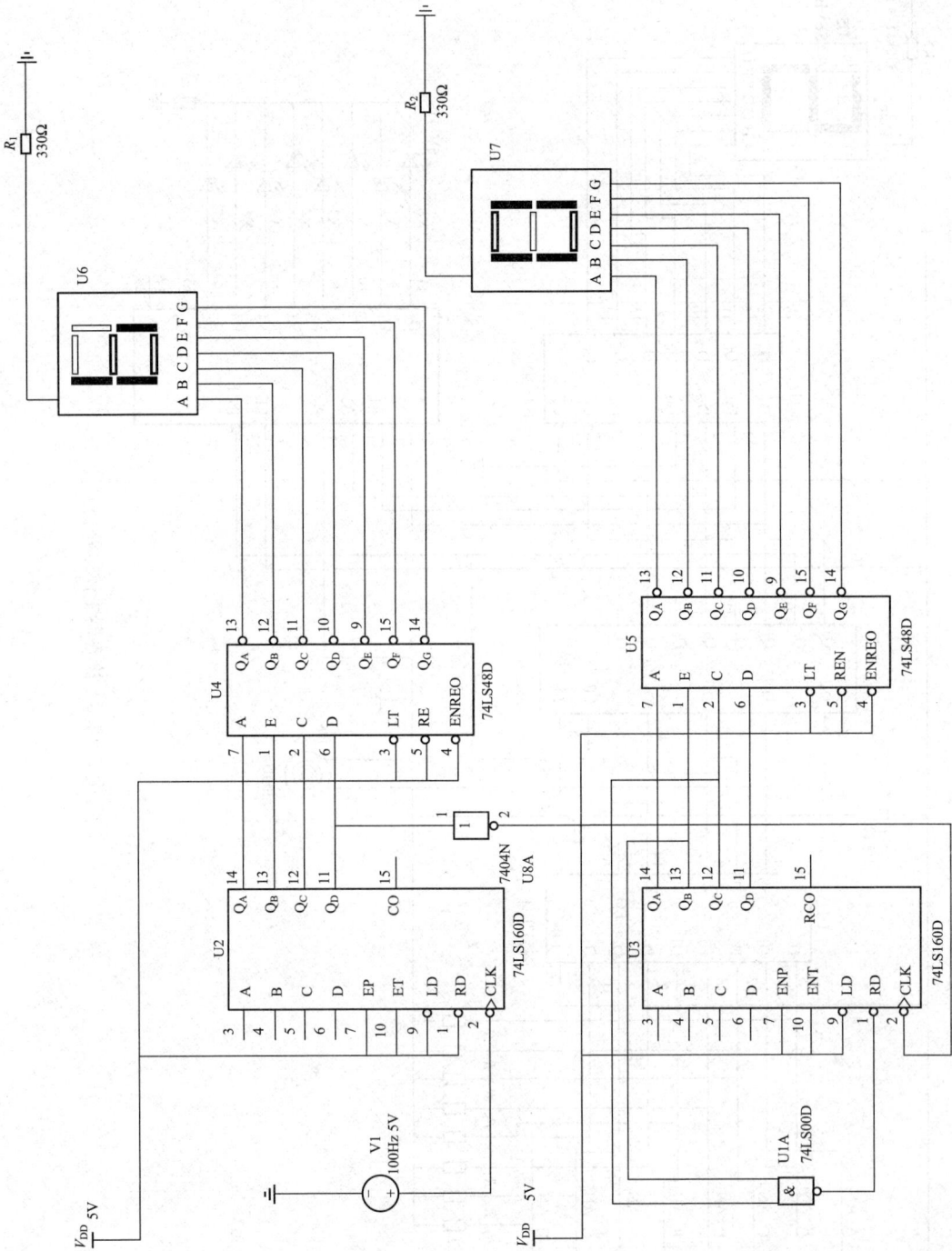

图 3.12.6　抢答器扩展—定时器部分仿真图

第4章 Multisim 在课程设计中的应用

4.1 Multisim 软件简介

Multisim 是 Interactive Image Technologies（Electronics Workbench）公司推出的以 Windows 为基础的仿真工具，适用于板级的模拟/数字电路板的设计工作。它包含了电路原理图的图形输入、电路硬件描述语言输入方式，具有丰富的仿真分析能力，并能对 RF（射频）设计电路仿真，这是许多其他的 EDA 仿真设计软件所不具备的。为适应不同的应用场合，Multisim 推出了许多版本，用户可以根据自己的需要加以选择。整套 Multisim 工具包括学生版（Student Multisim）、教育版（Demo Multisim）、个人版（Personal Multisim）、专业版（Professional Multisim）、增强专业版（Power Professional Multisim）等。目前国内常见的版本有 4.0T 和 5.0C，从 6.0 版本开始 . IIT 公司对 EWB 进行了较大规模的改动，仿真设计模块改名为 Mltisim、Workbench、Layout 模块经重新设计并更名为 Ultiboard。新的 Ultiboard 模块以从荷兰收购来的 Ultisimate 软件为核心开发了新的 PCB 软件，为了加强 Ultiboard 的布线能力，还开发了个 Ultiroute 布线引擎。Multisim、Ultiboard、Ultiroute 及 Commsim 是现今 EWB 的基本组成部分，能完成从电路的仿真设计到电路板图生成的全过程。这些模块彼此相互独立，可以单独使用。下面以 Multisim2001 为蓝本，介绍 Multisim 在电子技术实验中的应用。

一、Multisim 各版本功能比较表

Multisim 各版本功能比较表见表 4.1.1。

表 4.1.1   **Multisim 各版本功能比较表**

功　能	学生版	教育版	个人版	专业版	增强专业版
零件库	2500	6000	6 000	12 000	16 000
交互式仿真	√	√	√	√	√
符号编辑器	√	√	√	√	√
SPICE 模拟/数字仿真	√	√	√	√	√
零件编辑器	√	√	√	√	√
输出到 PCB 软件	√	√	√	√	√
使用多个相同仪表	√	√	无	√	√
虚拟仪表	10	11	8	9	11
分析功能	11	19	8	15	21
PSPICE/XSPICE/BSPICE 资料输入	√	√	无	√	√
零件资料库	无	基本	无	基本	高级
零件表	无	√	无	√	高级
零件模型制作（模拟和数字）	无	√	无	选配	√
HDL 设计/调试	无	选配	无	选配	√

功　能	学生版	教育版	个人版	专业版	增强专业版
射频设计套件	√	√	无	选配	√
团队设计管理	无	无	无	√	√
模型扩充包（I&II）	无	选配	无	选配	√
后处理器	√	√	无	无	√
编码模型	无	√	无	无	√
零件限制	100	无	无	无	无
虚拟仪表					
数字万用表	√	√	√	√	√
函数发生器	√	√	√	√	√
示波器	√	√	√	√	√
波特图图示仪	√	√	√	√	√
字信号发生器	√	√	√	√	√
逻辑分析仪	√	√	√	√	√
逻辑转换器	√	√	√	√	√
瓦特表	√	√	√	√	√
失真度分析仪	无	√	无	√	√
网络分析仪	√	√	无	无	√
频谱分析仪	√	√	无	无	√
分析功能					
直流工作点分析	√	√	√	√	√
交流分析	√	√	√	√	√
瞬态分析	√	√	√	√	√
傅里叶分析	√	√	√	√	√
噪声分析	无	√	√	√	√
失真分析	无	√	√	√	√
直流扫描分析	√	√	√	√	√
灵敏度分析	无	√	√	√	√
参数扫描分析	√	√	无	√	√
温度扫描分析	无	√	无	√	√
零极点分析	无	√	无	√	√
传递函数分析	无	√	无	√	√
最坏情况分析	无	√	无	√	√
蒙特卡罗分析	√	√	无	√	√
布线宽度分析	无	无	无	√	√
批处理分析	√	√	无	无	√
巢状扫描分析	无	无	无	无	√

续表

功　能	学生版	教育版	个人版	专业版	增强专业版
用户定义分析	无	√	无	无	√
噪声系数分析	√	√	无	选配	√
射频电路特性分析	√	√	无	选配	√
网络分析	√	√	无	选配	√

二、Multisim 2001 特色概览

Multisim 2001 软件以图形界面为主，采用菜单、工具栏和热键相结合的方式，具有一般 Windows 应用软件的界面风格，用户可以根据自己的习惯和熟悉程度自如使用。

启动 Multisim 2001 后，将出现如图 4.1.1 所示的界面。

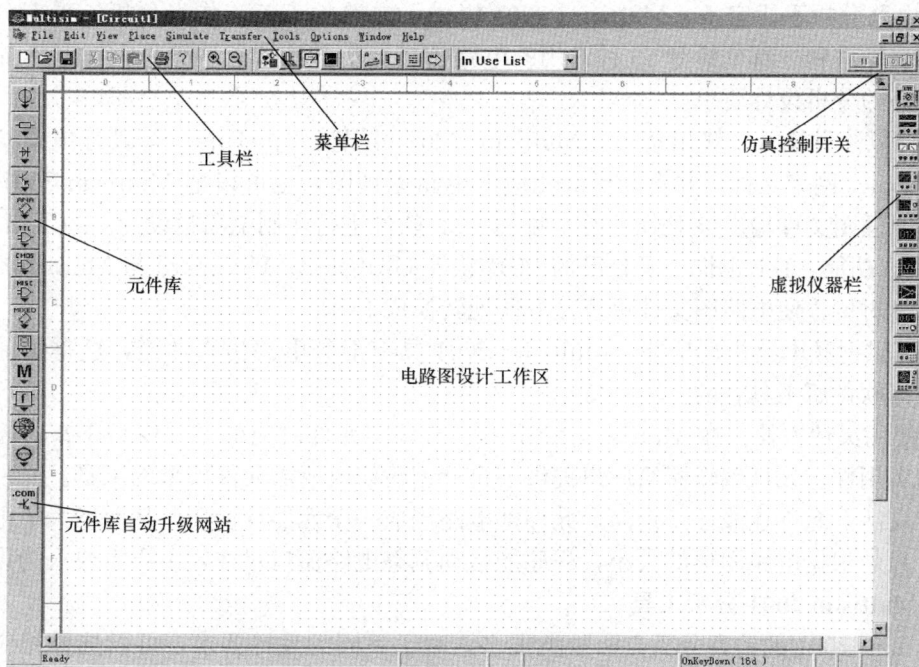

图 4.1.1　Multisim 2001 的窗口主界面

从图 4.1.1 中可以看出，Multisim 2001 的基本界面主要由菜单栏（Menus）、系统工具栏（System）、设计工具栏（Multisim Design Bars）、仿真开关（ON/OFF）、元件工具栏（Component Bars）、仪表工具栏（Instruments Toolbar）、电路窗口（Circuit Window）和状态栏（Status Bars）等项组成。通过对各部分的操作，可以实现电路图的输入、编辑，并根据需要对电路进行相应的观测和分析。用户可以通过菜单或工具栏改变主窗口的视图内容。Multisim 2001 具有以下特点。

（1）系统高度集成，界面直观，操作简捷、明了、方便。Multisim 2001 将原理图的创建、电路的测试分析和结果的图表显示等全部集成到同一个电路窗口中。整个操作界面就是一个实验工作台，有存放仿真元件的器件箱，有存放虚拟测试仪表的仪器库，有进行仿真分析的各种仿真分析方法及操作命令。虚拟测试仪表的外形与实物非常接近，操作方法也基本

相同。

（2）丰富的仿真元件库。增强专业版的仿真库具有以下特点。

1）提供近 16 000 个仿真元件，分别有实际元件和虚拟元件，其中实际元件的基本参数完全和实际产品一致，虚拟元件的参数可以很方便地更改。

2）提供各种能发亮的指示元件和发声元件，可用键盘控制电路中的开关、电位器调节、电感器调节和电容器调节等，使仿真过程更为形象。

3）提供各种常用的仪器仪表，增加仿真结果的直观度，并允许多个仪表同时调用和重复调用。

4）提供了机电元件，可以进行自动控制电路的仿真，这是许多软件所不具备的。

（3）具有数字、模拟及数字/模拟混合电路的仿真能力。在电路窗口中既可以分别对数字或模拟电路进行仿真，也可以将数字和模拟连在一起进行仿真分析。

（4）电路分析手段完备。Multisim 2001 提供了电路的直流工作点分析、瞬态分析、傅里叶分析、噪声和失真分析等 15 种常用的电路仿真分析方法，这些分析方法基本能满足一般电子电路的分析设计要求。

（5）提供多种输入、输出接口。Multisim 2001 可以输入由 Pspice 等其他电路仿真软件所创建的 Spice 网表文件，并自动形成相应的电路原理图，也可以把 Multisim 2001 环境下创建电路原理图文件输出给 Protel 等常见的 PCB 软件进行印制电路板设计。为了拓宽 EWB 软件的 PCB 功能，IIT 也推出了自已的 PCB 软件 Ultiboard，Ultiboard 与 Multisim 2001 可以实现无缝对接，使电路图文件更直接方便地转换成 PCB。

（6）提供射频电路仿真功能。Multisim 2001 具有射频电路仿真功能，这是目前众多通用电路仿真软件所不具备的。

（7）使用灵活方便。在 Multisim 2001 中，与现实元件对应的元件模型丰富，增强了仿真电路的实用性。元件编辑器给用户提供了自行创建修改所需元件模型的工具。元件之间的连接方式灵活，允许连线任意走向，允许把电路当成一个元器件使用，从而增大了电路的仿真规模。另外根据电路图形的大小，程序能自动调整电路窗口尺寸，不再需要人为设置。

三、Multisim 2001 分析工具

Multisim 2001 的仿真分析方法种类很多，对于不同的设计要求，可以选择相应的分析方法。Multisim 2001 提供了多达 19 种分析方法，包含静态工作点的计算、交流分析、瞬态分析、傅里叶分析、噪声分析、失真分析、直流扫描分析、灵敏度分析、参数扫描分析、温度扫描分析、零-极点计算、传递函数分析、最差情况分析、蒙特卡罗分析、布线宽度分析、批处理分析、用户自定义分析、噪声系数分析、射频分析。进行电子线路的仿真分析的方法是菜单选择"Simulate/Analyses"，打开分析方法选项，如图 4.1.2 所示。

（1）直流工作点计算（DC Operating Point Analysis）。直流工作点计算是指计算直流工作点并报告各节点工作电压。静态工作点计算是在电路电感短路、电容开路的情况下，计算电路的静态工作点。直流分析的结果通常用于电路的进一步分析，如在进行暂态分析和交流小信号分析之前，程序会自动进行直流工作点分析，以确定暂态的初始条件和交流小信号情况下非线性器件的线性化模型参数。在电路工作时，不论是大信号还是小信号，都必须给半导体器件以正确的偏置，以便使其工作在所需要的区域（放大、截止、饱和），才能进一步分析电路在交流信号作用下能否正常工作。

（2）交流分析（AC Analysis）。交流分析是分析电路的小信号频率响应，分析时需要指定交流分析的起始、截止频率点及交流分析的扫描方式。在进行交流分析时程序会自动先对电路进行静态工作点计算，以便建立电路中非线性元件的交流小信号模型，并把直流电源置零，交流信号源、电容以及电感等用其交流模型，如果电路中含有数字元件，将认为是一个接地的大电阻。交流分析是以正弦波为输入信号，不管在电路的输入端输入何种信号，进行分析时都将自动以正弦波替换，而其信号频率也将以设定的范围替换之。交流频率分析的结果，以幅频特性和相频特性两个图形显示。幅频特性的纵轴用某点的电压值来表示，这是因为不管输入的信号源的数值多少，程序一律将其视为一个幅度为单位 1 且相位为零的单位源，这样从输出节点取得的电压的幅度就代表了增益值，相位就是输出与输入之间的相位差。分析时需要指定起始频率、终止频率及分辨率。

图 4.1.2　Multisim 2001 的分析方法

（3）瞬态分析（Transient Analysis）。瞬态分析是一种非线性时域（Time Domain）分析，可以在激励信号（或没有任何激励信号）的情况下计算电路的时域响应，即分析节点处的电压、电流对时间的关系。分析时需要指定瞬态分析的起始、截止时间及电路的初始状态。电路的初始状态可由用户自行指定，也可由程序自动进行直流分析，用直流解作为电路初始状态。瞬态分析的结果通常是分析节点的电压波形。在进行瞬态分析时，直流电压保持常数，交流信号源随着时间而改变，是一个时间函数。电容和电感都是储能元件，是暂态函数。

（4）傅里叶分析（Fourier Analysis）。傅里叶分析是分析周期性非正弦信号的一种数学方法，它将周期性的非正弦信号转换成一系列的正弦波及余弦波，即

$$f(t) = A_0 + A_1 \cos\omega t + A_2 \cos2\omega t + \cdots + A_n \cos n\omega t + B_1 \sin\omega t + B_2 \sin2\omega t + \cdots + B_n \sin n\omega t$$

式中：A_0 为原始信号的直流（平均）分量；$A_1 \cos\omega t + B_1 \sin\omega t$ 为基波分量（与原始波有相同的频率和周期）；$A_n \cos n\omega t + B_n \sin n\omega t$ 为 n 次谐波；A_n、B_n 为第 n 次谐波的系数；ω 为基波角频率。这些分量对电路的性能有着重要的影响。傅里叶分析将电压波形从时域变化到频域，求出它的频域变化规律。分析时需要指定基波频率、仿真谐波次数即分析终止时间。

（5）噪声分析（Noise Analysis）。噪声分析是分析电阻和半导体器件噪声对电路的影响。在分析时，假定电路中的噪声源互不相关，其噪声值可独立计算。总噪声为每个噪声源对于特定的输出产生的噪声均方根的和。分析时需要指定噪声输入参考源（即感兴趣的噪声器件）、输出节点、参考节点、起始频率及终止频率、分辨率。

（6）失真分析（Distortion Analysis）。失真分析是分析电路的非线性失真及相位偏移，通常非线性失真会导致谐波失真；而相位偏移会导致互调失真。如果电路中只有一个交流电源，该分析将确定电路中每一点的二、三次谐波造成的失真。如果电路中有频率分别为 f_1

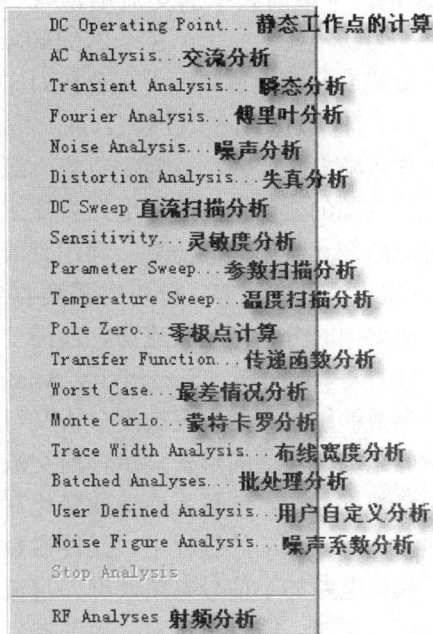

和 f_2 的两个不同频率的交流电源（设 $f_1 > f_2$），则该分析将寻找电路变量在（$f_1 + f_2$）、（$f_1 - f_2$）及（$2f_1 - f_2$）3 个不同频率上的谐波失真。分析时需要指定起始频率、终止频率、分辨率及输出节点。失真分析对于研究瞬态分析中不易观察到的小失真比较有效。

（7）直流扫描分析（DC Sweep Analysis）。直流扫描分析是计算电路中某一节点上的直流工作点随电路中一个或两个直流电源的数值变化的情况。利用直流扫描分析，可快速地根据直流电源的变动范围确定电路直流工作点。它的作用相当于每变动一次直流电源的数值，则对电路作几次不同的仿真。利用直流扫描分析可以分析出电路的传输特性曲线，晶体管的输入/输出特性曲线等。分析时需要指定待分析的信号源、起始电压、终止电压及分辨率，如果需要同时分析两个直流源，还需要指定第二个信号源参数。

（8）灵敏度分析（Sensitivity Analysis）。灵敏度分析是计算电路的输出变量对电路中元器件参数的敏感程度。灵敏度分析又可分为直流灵敏度分析和交流灵敏度分析。直流灵敏度分析的结果以数值的形式显示，而交流灵敏度分析的结果则绘出相应的曲线。灵敏度分析是利用参数扰动法，计算元件参数变化对输出电压或电流的影响。灵敏度分析可以使用户了解并预测在生产加工的过程中，元件参数值有多大变化才会影响电路的性能。灵敏度分析只适合于模拟电路的小信号电路模型。直流灵敏度分析时，需要指定感兴趣的器件和参数；交流灵敏度分析时，需要指定感兴趣的器件和参数、起始频率、终止频率及分辨率。

（9）参数扫描分析（Parametric Sweep Analysis）。参数扫描分析是通过对电路中某些元件的参数，在一定取值范围内变化时对电路直流工作点、瞬态特性以及交流频率特性的影响进行分析，以便对电路的某些性能指标进行优化。在设计电路时，常常希望改变元件的某一参数值，来比较电路的输出效应，也可能想改变某一参数在一定范围内取值，来观察输出变化的情况。分析时需要指定待观测的器件和参数、扫描的范围、类型和分辨率。

（10）温度扫描分析（Temperature Sweep Analysis）。温度扫描分析是研究温度变化对电路性能的影响。通常电路的仿真都是假设在 27℃ 下进行的，而由于许多电子器件与温度有关，当温度变化时，电路的特性也会产生一些改变。该分析相当于在不同的工作温度下多次仿真电路性能。不过温度扫描分析不是对所有元件都有效，仅限于考虑一些半导体器件和虚拟电阻。分析时需要指定在温度变化范围内的直流响应、交流响应或瞬态响应及扫描范围、类型和分辨率。

电阻与温度的关系为

$$R(T) = R_0 R [1 + T_{C1}(T - T_0) + T_{C2}(T - T_0)^2]$$

式中：R 为电阻因子，默认为 1。

电容与温度的关系为

$$C(T) = C_0 C (1 + V_{C1} V + V_{C1} V^2)[1 + T_{C1}(T - T_0) + T_{C2}(T - T_0)^2]$$

式中：C 为电容因子，默认为 1；V_C 为电压系数；T_C 为温度系数。

电感与温度的关系为

$$L(T) = L_0 * L * (1 + L_{L1} * I + I_{L2} * I^2) * [1 +] + T_{C1} * (T - T_0) + T_{C2} * (T - T_0)^2]$$

式中：L 为电感因子，默认为 1；I_L 为电流系数；T_C 为温度系数。

（11）零极点计算（Pole - Zero Analysis）。零点-极点计算是分析求解交流小信号电路传递函数中极点和零点，决定电路的稳定性。在进行零点-极点分析时，首先计算电路的直流工作点，进而确定非线性元件在交流小信号条件下的线性化模型，然后在其基础上求出其交流小信号转移函数的极点与零点。分析时需要指定输入、输出和分析类型（增益或阻抗传递函数、输入或输出阻抗）。

（12）传递函数分析（Transfer Function Analysis）。传递函数分析是分析计算在交流小信号条件下，由用户指定的作为输出变量的任意两节点之间的电压或流过某一个器件上的电流与作为输入变量的独立电源之间的比值，同时也将计算出相应的输入阻抗和输出阻抗。传递函数分析中，输出可以是任何节点，但输入必须是独立源。分析时需要指定输入源和输出节点。

（13）最差情况分析（Worst Case Analysis）。最差情况分析是一种统计分析，用于分析当所有器件在它们误差值最大变化时的直流响应、交流响应或瞬态响应。所谓最差情况是指电路中的元件参数在其容差域边界上取某种组合时所引起的电路性能的最大偏差，而最差情况分析是在给定电路元件参数容差的情况下，估算出电路性能相对于标称值时的最大偏差。分析时需要指定容差参数类别（模型参数、器件参数）、容差分布类别（高斯分布、均匀分布）。

（14）蒙特卡罗分析（Monte Carlo Analysis）。蒙特卡罗分析是一种统计模拟方法，它是在给定电路元器件参数容差的统计分布规律的情况下，用一组伪随机数求得元器件参数的随机抽样序列，对这些随机抽样的电路进行直流分析、交流分析和瞬态分析，并通过多次分析结果估算出电路性能的统计分布规律，如电路性能的中心值、电路合格率及成本等。蒙特卡罗分析第一次记录的结果为所有元件都为理想值时的仿真结果，因此蒙特卡罗分析的次数必须大于或等于 2。蒙特卡罗分析主要是考虑元件误差对电路的影响程度。分析时需要指定电路分析类别（直流分析、交流分析和瞬态分析）、分析次数及输出节点。

（15）布线宽度分析（Trace Width Analysis）。布线宽度分析主要用于 PCB 板的分析方法。

（16）批处理分析（Batched Analysis）。批处理分析主要用于同时对电子线路进行多种分析。

（17）用户自定义分析（User Defined Analysis）。用户自定义分析是方便对 Spice 命令非常数量的用户提供的分析方法。

（18）噪声系数分析（Noise Figure Analysis）。噪声系数分析是用另一种分析方法描述电子线路的噪声。噪声分析的结果是以电平数量进行表示的，即 N。而噪声系数（F）则是以输入端噪声（N_i）和电子线路的增益（K_v）的乘积与输出端噪声（N_o）的比值，它与噪声分析的结果一样，越小越好。噪声系数的计算公式为

$$F = \frac{N_o}{N_i * K_v}$$

（19）射频电路分析（RF Analysis）。射频电路分析主要用于射频电路的分析方法。

四、Multisim 2001 虚拟测试仪器

Multisim 2001 的 Instruments（仪器库）中共提供 11 个虚拟仪器仪表和 1 个电压表、1 个电流表，其中虚拟仪器仪表包括 Multimentent（数字万用表）、Function Generator（函数信号发生器）、Wattmeter（功率表）、Oscilloscope（示波器）、Bodeplotter（伯特图仪）、Word Generator（字信号发声器）、Logic Analyzer（逻辑分析仪）、Logic converter（逻辑转换器）、Distortion analyzer（失真分析仪）、Spectrum Analyzer（频谱分析仪）和 Network

Analyzer（网络分析仪）等。

从菜单中选择虚拟仪表的方式，如图4.1.3所示。

从仪表工具栏中选择虚拟仪表的方式，如图4.1.4所示。

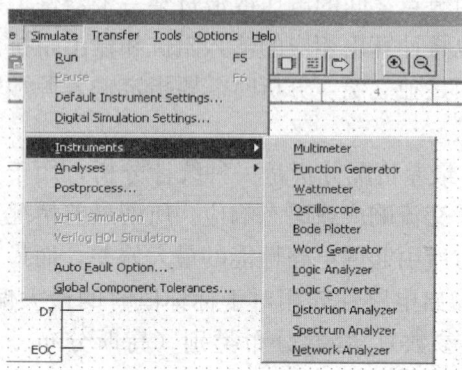

图4.1.3 从菜单中选择虚拟仪表　　　　图4.1.4 从仪表工具栏中选择虚拟仪表

图4.1.4中各虚拟仪表按钮所对应的电路中的仪器符号见表4.1.2。

表4.1.2 　　　　　　　　　虚拟仪表按钮所对应的电路中的仪器符号

菜单上的表示方式	在仪表工具栏上的对应按钮	仪器名称	电路中的仪器符号
Multimeter		数字万用表	XMM1
Function Generator		函数信号发生器	XFG4
Wattermeter		功率表	XWM1
Oscilloscope		示波器	XSC1
Bode Plotter		波特图仪	XBP2

续表

菜单上的 表示方式	在仪表工具栏 上的对应按钮	仪器名称	电路中的仪器符号
Word Generator		字信号发生器	XWG1
Logic Analyzer		逻辑分析仪	XLA1
Logic Converter		逻辑转换器	XLC1
Distortion Analyzer		失真度分析仪	XDA1
Spectrum Analyzer		频谱分析仪	XSA1
Network Analyzer		网络分析仪	XNA1

（1）数字万用表。数字万用表可以测量交直流的电压、电流、电阻以及电平。其仪器符号说明如图 4.1.5 所示。

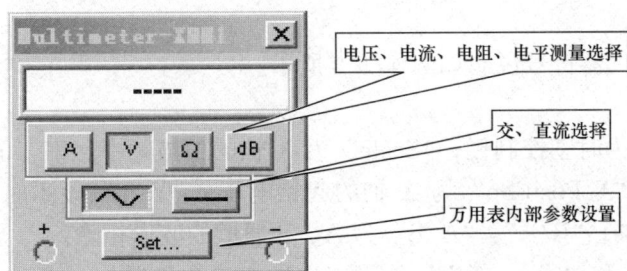

图 4.1.5　数字万用表符号说明

注意：在测量电压和电流时与使用电压表电流表一样，在测量电阻时需要注意以下几点。

1）被测对象只能是一个不含源的器件或器件网络。

2）器件或器件网络要接地。

3）数字万用表要设置成直流工作方式。

4）保证没有与器件或器件网络相并联的其他电路。

（2）函数信号发生器。函数信号发生器提供了正弦波、三角波、方波的输出信号。输出信号的频率、占空比、幅值、偏置电压均可以通过函数信号发生器的控制面板调节。其仪器符号说明如图4.1.6所示。

注意：

1）在使用函数信号发生器时，信号发生器的中间连线端是公共接地端子，"＋"是正相信号输出，"－"是反相信号输出。

2）占空比只有三角波信号和方波信号输出时才能设置，当三角波信号输出时，占空比指的是三角波的上升时间与三角波周期之比。

3）方波信号输出时还可以通过"Set Rise/Fall Time"来设置方波信号的上升时间和下降时间。

（3）功率表。功率表用来测量被测端子的功率，单位是W（瓦特）。其仪器符号说明如图4.1.7所示。

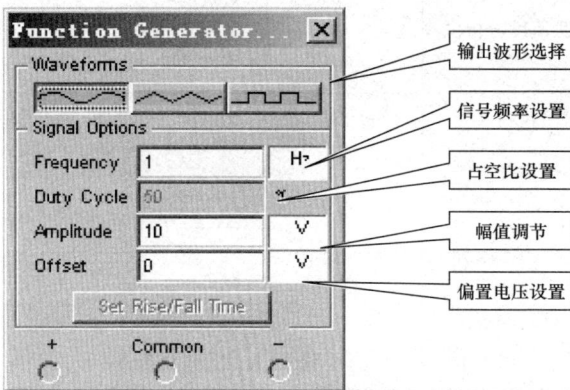

图4.1.6　函数信号发生器符号说明　　　　　图4.1.7　功率表符号说明

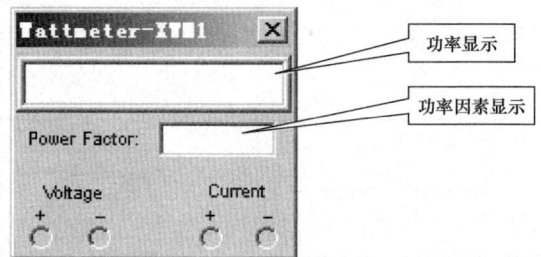

注意：瓦特表的左边两个电压连接端子要与被测端子并联，右边两个电流连接端子要与被测端子串联。

（4）示波器。其仪器符号说明如图4.1.8所示。

注意：

1）"Timebase"为时基控制栏；"Scale"为X轴的扫描频率比率，值越大显示屏显示的波形时间范围越宽；"X Position"为X轴的起始电压；"Y/T"显示时域波形；"Add"为A、B通道的波形叠加；"B/A"、"A/B"为A、B通道的波形相除。

2）"Channel A"和"Channel B"为A、B通道参数设置栏，"Scale"为信号幅度比，也就是每格的电压值大小；"Y position"为Y轴的电平偏移量；"AC"为交流输入；"0"为

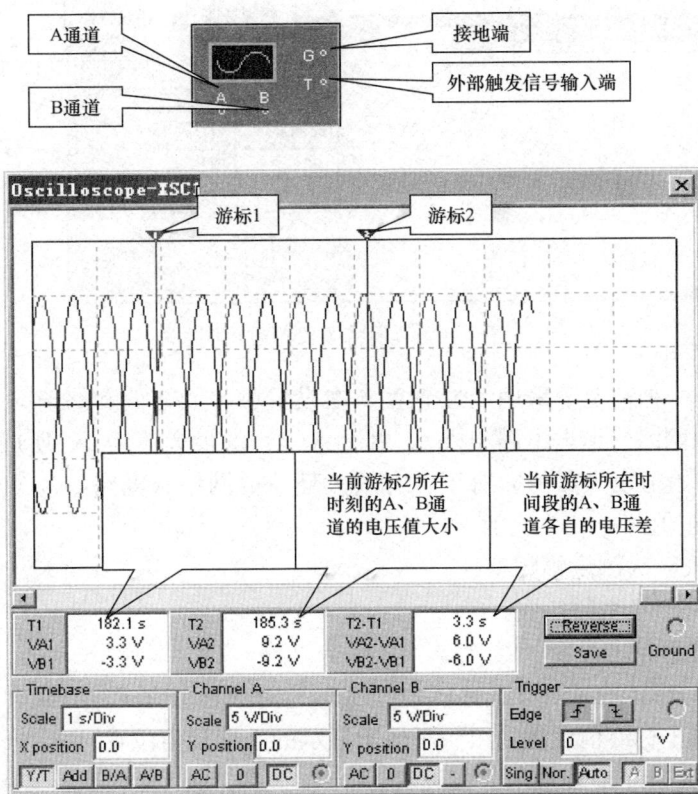

图 4.1.8　示波器仪器符号说明

短路；"DC"为直流输入。

3）"Trigger"为触发方式控制，"Edge"为采用上（下）跳沿触发选择；"Level"为电平触发选择；"Sing"为单脉冲触发；"Nor"为一般脉冲触发；"Auto"内信号触发；"A"、"B"为 A、B 通道触发选择；"Ext"为外信号触发选择。

4）当选择外部信号触发时，触发信号需接到示波器的 T 输入端。

5）示波器中"T2－T1"和"V2－V1"这样两个参数。"T2－T1"可用来测量信号的周期、脉冲信号的宽度、上升时间和下降时间等参数；"V2－V1"可用来测量信号幅值。

（5）伯特图仪。伯特图仪类似于实验室的扫频仪，可以用来测量和显示电路的幅度频率特性和相位频率特性。伯特图仪有 IN 和 OUT 两对端口，分别接电路的输入端和输出端。每对端口从左到右分别为＋V 端和－V 端，其中 IN 端口的＋V 端和－V 端分别接电路输入端的正端和负端，OUT 端口的＋V 端和－V 端分别接电路输出端的正端和负端。其仪器符号说明如图 4.1.9 所示。

注意：

1）在使用波特图仪时，必须在电路的输入端接入 AC（交流）信号源，但对其信号频率的设定并无特殊要求，频率测量的范围由波特图仪的参数设置决定。

2）测量幅频特性时，若单击"Log"（对数）按钮后，Y 轴刻度的单位是 dB（分贝），标尺刻度为 20logA（f）（dB），其中 $A(f)=U_o(f)/U_i(f)$；单击"Lin"（线性）按钮后，

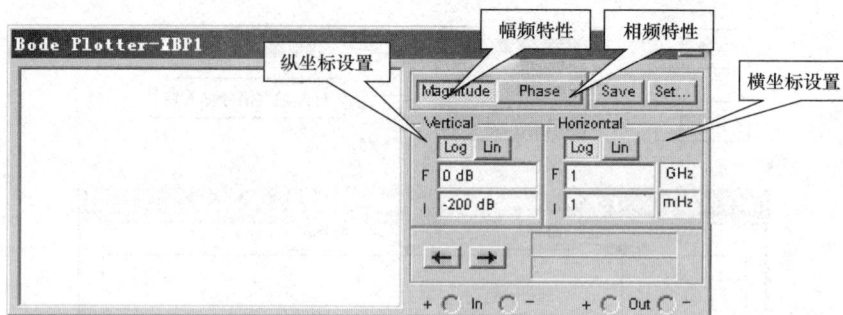

图 4.1.9   伯特图仪符号说明

Y 轴是线性刻度。一把情况下采用线性刻度。在设置频率的初值和终值时，需要指出的是：若被测电路是无源网络（谐振电路出外），由于 $A(f)$ 的最大值为 1，所以 Y 轴坐标的最终值设置为 0dB，初始值设为负值。对于含有放大环节的网络（电路），$A(f)$ 的值可以大于1，最终值设置为正值（+dB）为宜。

3）"Magnitude"为测量幅频特性。

4）"Phase"为测量相频特性。

5）"Set"为波形精度设置。

6）"Vertical"为 Y 轴显示方式选择，"Log"为对数显示方式；"Lin"为线性显示方式；"F"对应于显示的坐标终值设置；"I"对应于显示的坐标初值设置。

7）"Horizontal"为 X 轴显示方式设置。

8）← → 为游标移动方向，旁边的数值为当前游标对应的幅值和频率。

（6）字信号发生器。字信号发生器相当于一个可编程的逻辑信号产生器，字信号发生器在一定的时序控制下，并行输出 32 位的逻辑信号，这在仿真大型的数字电路和计算机接口时非常适用。其仪器符号说明如图 4.1.10 所示。

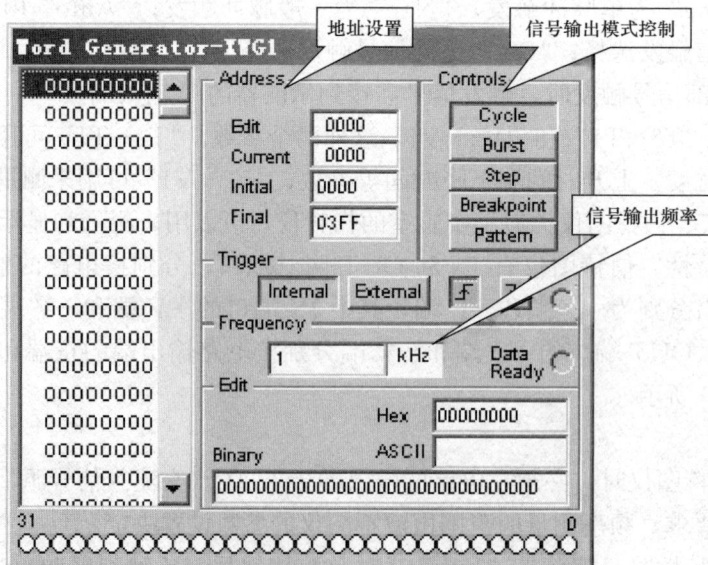

图 4.1.10   字信号发生器符号说明

注意：

1) 左边的字符串为每一步的时序状态（32 位），其大小值可以为 00000000H～
FFFFFFFFH，每一步的值可以在"Edit"栏里输入 Hex 码（十六进制）、ASCII 码、Bina-
ry 码（二进制）。编写的当前地址可以由"Address"栏里"Edit"确定。

2) "Address"栏为地址控制栏，"Edit"为当前编码的地址；"Current"为当前输出的
地址；"Initial"和"Final"分别为开始的地址和结束的地址，可以为 0000H～1FFF 总共
8K 地址。

3) "Control"控制栏中，"Cycle"为字信号从起始地址到终止地址循环输出；"Burst"
为字信号从起始地址开始，到终止地址结束；"Step"为字信号每按一次鼠标左键输出一个
地址的信号；"Breakpoint"为断点设置，字信号从起始地址输出到断点处，仿真程序暂停，
当再按一次暂停键时继续运行仿真程序；"Pattern"中的"Clear Buffer"为清除字信号编辑
值，所有的字信号全部清零；"Open"为打开字信号存盘文件；"Save"为字信号存盘；
"Up Counter"为字信号从起始地址到终止地址递增编码；"Down Counter"为字信号从起
始地址到终止地址递减编码；"Shift Right"为字信号从起始地址到终止地址右移编码；
"Shift Left"为字信号从起始地址到终止地址左移编码。

4) "Trigger"为触发方式选择，同示波器。R 为数据备用输入端，T 为外部触发信号输
入端。

5) "Frequence"为字信号输出频率设定，当选择外部信号触发方式时，该频率值无
意义。

（7）逻辑分析仪。逻辑分析仪可以同时分析 16 路输入信号的逻辑状态。其仪器符号说
明如图 4.1.11 所示。

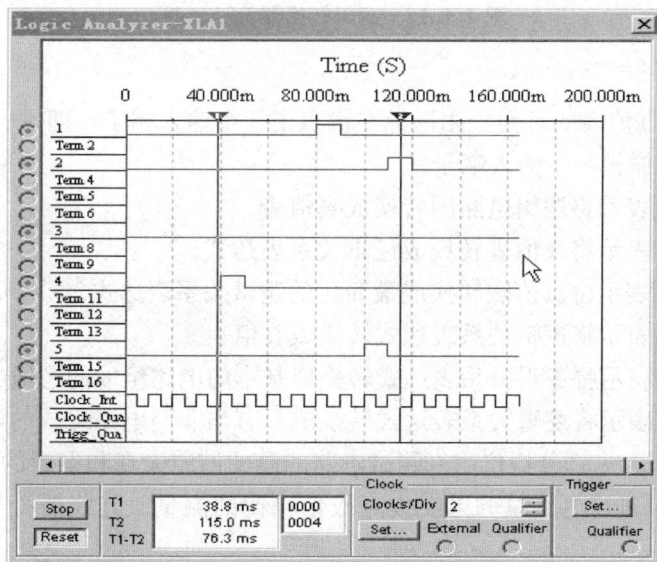

图 4.1.11　逻辑分析仪符号说明

注意：

1) 逻辑分析的显示面板下方"Clock_Int"为内部时钟脉冲，"Clock_Qua"为外部时钟

脉冲，"Trigg_Qua"为多样化的外部时钟脉冲。

2）"Clock"栏中"Set"为时钟方式设置，"Clock Source"为内部和外部时钟选择；"Clock Rate"为内部时钟频率；"Sampling Setting"为时钟取样方式，"Pre‐trigger Samples"为上升沿触发取样数，"Post‐trigger Samples"为下降沿触发取样数，"Threshold Voltage"为触发1的电平阈值。

3）C端为外部时钟信号输入端，Q端为时钟输入控制端，T端为触发输入控制端。

（8）逻辑转换器。逻辑转换器可以将逻辑电路图转换成真值表和逻辑关系表达式，还可以将自己设计的真值表转换成逻辑电路图和逻辑关系表达式，也可以将自己编写的逻辑关系表达式转换成逻辑电路图和真值表。逻辑转换器是一种虚拟的仪器，有8个输入信号和1个输出信号。其仪器符号说明如图4.1.12所示。

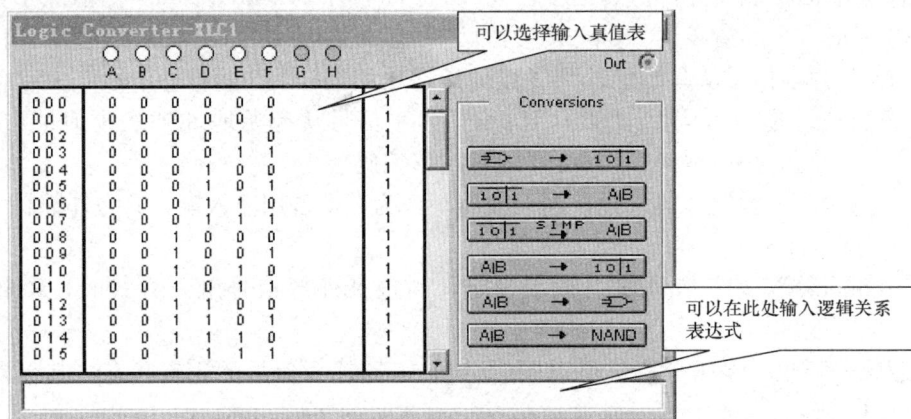

图4.1.12　逻辑转换器符号说明

注意：

1）当自己设计真值表的时候，用鼠标左键点击8个输入端子，即A、B、C、D、E、F、G、H，再点击一次撤销一个输入端子。

2）▷→ 10¦1 表示将逻辑电路图转换成真值表。

3）10¦1 → A¦B 表示将真值表转换成逻辑关系表达式。

4）10¦1 SIMP A¦B 表示将真值表转换成最简化的逻辑关系表达式。

5）A¦B → 10¦1 表示将逻辑关系表达式转换成真值表。

6）A¦B → ▷ 表示将逻辑关系表达式转换成基本门电路组成的逻辑电路图。

7）A¦B → NAND 表示将逻辑关系表达式转换成只有与非门电路组成的逻辑电路图。

（9）失真分析仪。失真分析仪用来测试电路的总的谐波失真和电路的信噪比，在用户所指定的基准频率下，进行电路总的谐波失真或信噪比的测量。其仪器符号说明如图4.1.13所示。

注意："Control Mode"模式控制栏中，"THD"为测量电路的总的谐波失真；"SINAD"为测量电路的信噪比；"Settings"为测量谐波失真的参数设置，具体是指谐波失真的意义分析、起始频率和终止频率、取样谐波次数。

（10）频谱分析仪。频谱分析仪用于分析被测端子的信号含有各种频率成分的幅值大小

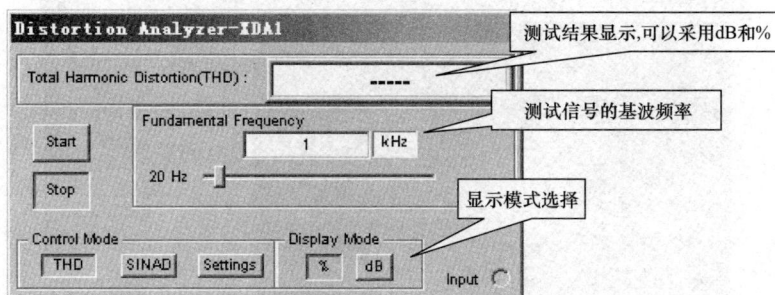

图 4.1.13   失真分析仪符号说明

和分布情况，因此频谱分析仪对于如何提升有用信号和滤除干扰信号特别有帮助，频谱测量对广播通信以及通信领域具有重要的意义。其仪器符号说明如图 4.1.14 所示。

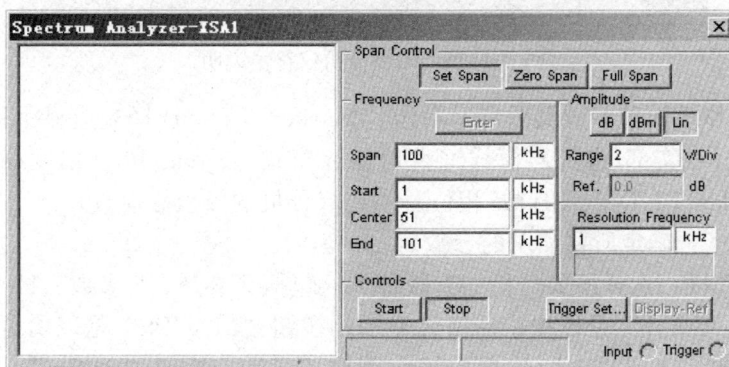

图 4.1.14   频谱分析仪符号说明

注意：

1）"Span Control"栏中的 "Set Span" 为测量频率范围设置，"Zero Span" 为设置中心频率，"Full Span" 为全频段设置（0～4GHz）。

2）"Amplitude"栏中的 "dB" 为以电压 dB 显示，"dBm" 为功率 dB 显示，"Lin" 为以线性分布显示。

3）"Resolution Frequency" 为显示的频带宽度，数值越小显示的谱线越细，仿真时间越长，当该栏中的上下两个数值一致时仿真完成。

4）"Trigger Settings" 为触发方式选择，可以选择内部信号触发、外部信号触发、连续触发和单一脉冲触发。

（11）网络分析仪。网络分析仪是仿照现实仪器 HP8751A 和 HP8753E 基本功能和操作的一种虚拟仪器。现实中的网络分析仪是一种测试双端口高频电路的 S 参数的仪器，multisim 2001 的网络分析仪除了可用于测试 S 参数外，还可用于测试 H、Y、Z 参数和稳定因子，还可以辅助设计电路的输入输出匹配网络。网络分析仪主要用于超高频（0～10GHz）范围的放大器的性能分析。其仪器符号说明如图 4.1.15 所示。

注意：

1）两个端子 P1、P2 分别用来连接电路的输入端口和输出端口。

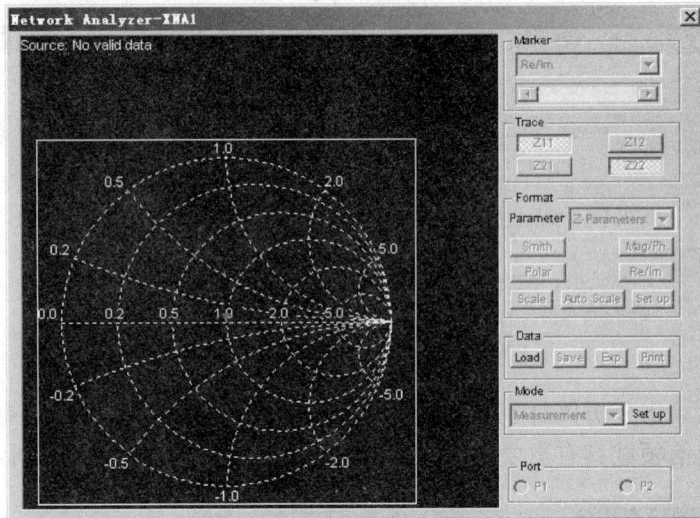

图 4.1.15　网络分析仪符号说明

2）显示区域显示四种参数及图形，右边"Marker"区：选择左边显示区域所显示资料的模式，有 Re/Im（实部/虚部）模式（直角坐标模式）、Mag/Ph（幅度/相位）模式（极坐标模式）、dBMag/Ph Deg（dB 数/相位）模式（分贝的极坐标模式）。

3）"Trace"区：确定所要显示的参数。

4）"Format"区：选择所要分析的参数种类，包括 Z 参数、S 参数、H 参数、Y 参数和稳定因素。按钮"Smith"是以史密斯格式显示；按钮"Mag/Ph"是以增益/相位的频率特性显示，即伯特图；按钮"Polar"是以极化图格式显示；按钮"Re/Im"是以实数虚数格式显示；按钮"Scale"是选择纵轴刻度；按钮"Auto Scale"是由程序自动调整刻度。

5）"Data"区：对显示的数据进行处理。

6）"Mode"区：选择分析模式。"Measurement"为测量模式，"Match Net Designer"为高频电路设计工具，"RF Characterizer"为射频电路特性分析器。

五、Multisim 2001 元器件及模型

Multisim 2001 的 Multisim Datebase 中含有 14 个元器件分类库（即 Component Tool-Bar），由这 14 个元器件分类库组成元件工具库（简称元件库），通常以按钮形式在工作窗口左边，但也可以任意移动。每个元器件分类库中又含有 3～30 个元件箱（又称为 Family），各种仿真元件分门别类地放在这些元件箱中供用户随意调用；电源库中共有 30 个电源器，有功率电源、各式各样的信号源、受控源以及 1 个模拟接地端和 1 个数字电路接地端；Multisim 把电源类的器件全部作虚拟器件，因而不能使用 Multisim 中的元件编辑工具对其模型及符号等进行修改或重新创建，只能通过自身的属性对话框对其相关参数进行设置；基本元件库中包含现实元件箱 22 个、虚拟元件箱 10 个，虚拟元件箱中的元件不需要选择，而是直接调用，然后再通过其属性对话框设置其参数值；二极管库中包含现实元件箱 10 个，虚拟元件箱 2 个；Multisim 元件库中虽然存有成千上万个仿真器件，但用户的需要是多种多样的，因此不可能满足每个用户的要求。如果用户在进行一个仿真时少一个或几个仿真元件，可以直接利用 Multisim 所提供的元件编辑工具，对现有的元件模型进行编辑修改，或创建一个新元件。Multisim 2001 元器件库符号说明如图 4.1.16 所示。

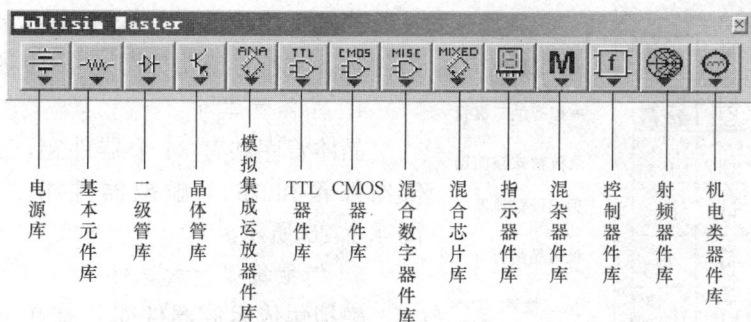

图 4.1.16 Multisim 2001 元器件库符号说明

1. 电源库

电源库共有 30 个电源器件，电源器件均为虚拟元器件。其符号说明如图 4.1.17 所示。

2. 基本元件库

基本元件库中包含现实元件 22 个、虚拟元器件箱 10 个。在使用是尽可能地选用现实元件；但在选取不到某些参数，或要进行温度扫描分析或参数扫描分析时，就只能选取虚拟元件。其符号说明如图 4.1.18 所示。

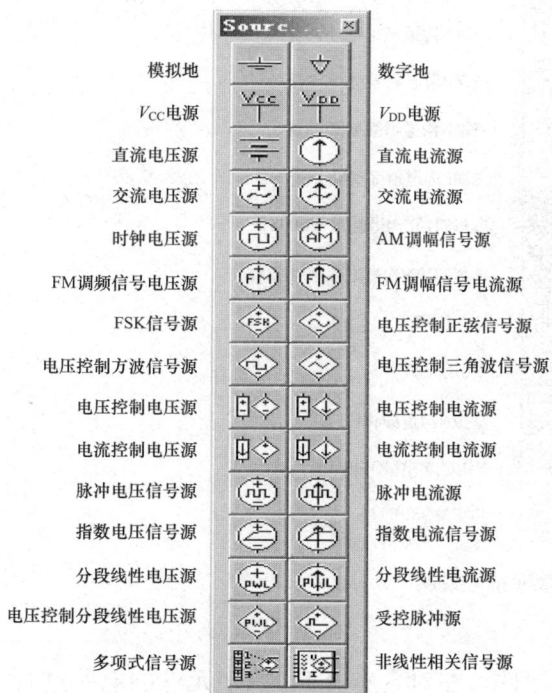

图 4.1.17 电源库符号说明

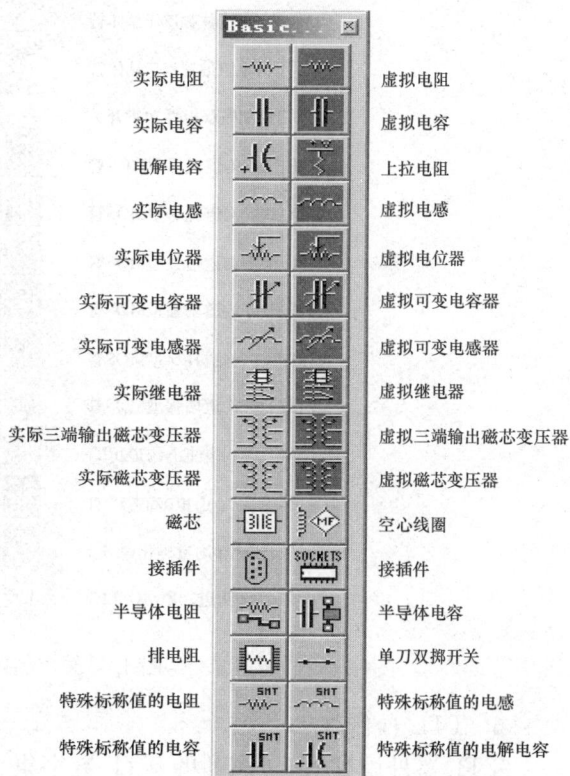

图 4.1.18 基本元件库符号说明

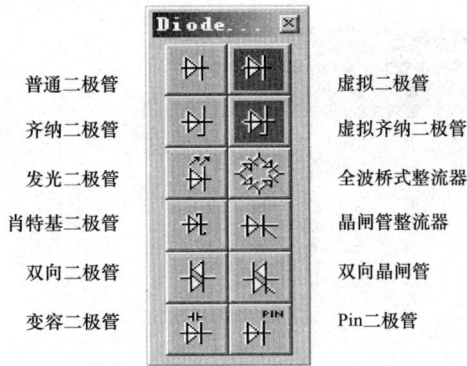

图 4.1.19 二极管库符号说明

普通二极管 虚拟二极管
齐纳二极管 虚拟齐纳二极管
发光二极管 全波桥式整流器
肖特基二极管 晶闸管整流器
双向二极管 双向晶闸管
变容二极管 Pin二极管

3. 二极管库

二极管库包含 12 个器件箱，其中有 2 个虚拟器件箱。其符号说明如图 4.1.19 所示。

4. 晶体管库

晶体管库共有 34 个器件箱，其中有 18 个现实器件箱和 16 个虚拟器件箱。其符号说明如图 4.1.20 所示。

5. 模拟集成运放器件库

模拟集成运放器件库共有 9 个器件箱，其中 4 个为虚拟器件箱。其符号说明如图 4.1.21 所示。

达林顿阵列管 NPN晶体管
虚拟NPN晶体管 PNP晶体管
虚拟PNP晶体管 虚拟四端NPN晶体管
虚拟四端PNP晶体管 达林顿NPN晶体管
达林顿PNP晶体管 内电阻偏置NPN晶体管
内电阻偏置PNP晶体管 BJT晶体管阵列
MOS门控制的双极性功率开关 三端N沟道耗尽型MOS管
虚拟三端N沟道耗尽型MOS管 三端P沟道耗尽型MOS管
虚拟三端P沟道耗尽型MOS管 三端N沟道增强型MOS管
虚拟三端N沟道增强型MOS管 三端P沟道增强型MOS管
虚拟三端P沟道增强型MOS管 虚拟四端P沟道耗尽型MOS管
虚拟四端N沟道耗尽型MOS管 虚拟四端N沟道增强型MOS管
虚拟四端P沟道增强型MOS管 N沟道JFET
虚拟N沟道JFET P沟道JFET
虚拟P沟道JFET 虚拟N沟道砷化镓FET
虚拟P沟道砷化镓FET N沟道功率MOSFET
P沟道功率MOSFET 功率MOSFET

图 4.1.20 晶体管库符号说明

6. TTL 器件库

TTL 器件库含有 74 系列的 TTL 数字集成器件，在对含有 TTL 数字元件的电路进行仿真时，电路窗口中要有数字电源符号和相应的数字接地端。其符号说明如图 4.1.22 所示。

运算放大器　　　　　　三端虚拟运算放大器

诺顿运放　　　　　　　虚拟五端运放

宽带运放　　　　　　　虚拟七端运放

比较器　　　　　　　　虚拟比较器

特殊功能运放

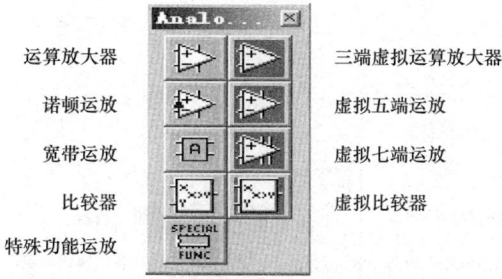

图 4.1.21　模拟集成运放器件库符号说明

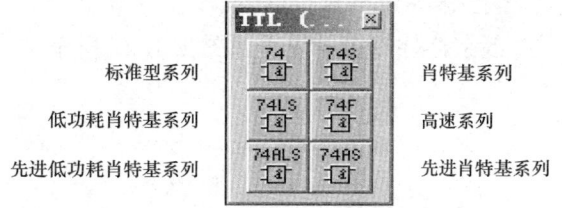

标准型系列　　　　　　肖特基系列

低功耗肖特基系列　　　高速系列

先进低功耗肖特基系列　先进肖特基系列

图 4.1.22　TTL 器件库符号说明

7. CMOS 器件库

在对含有 CMOS 数字器件的电路进行方针时,必须在电路窗口内放置 V_{DD} 电源符号,其数字大小根据 CMOS 器件的要求来确定,同时还要放置一个数字接地符号。其符号说明如图 4.1.23 所示。

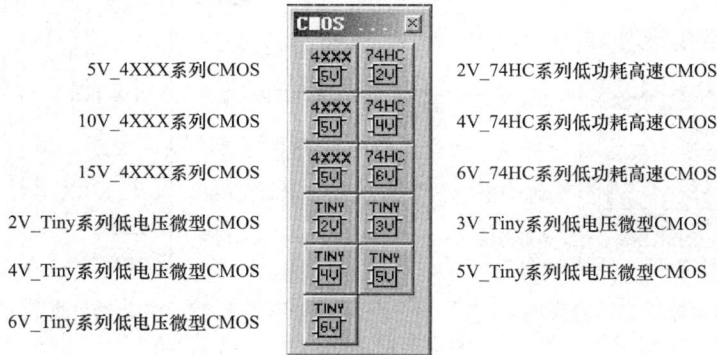

5V_4XXX系列CMOS　　　　2V_74HC系列低功耗高速CMOS

10V_4XXX系列CMOS　　　　4V_74HC系列低功耗高速CMOS

15V_4XXX系列CMOS　　　　6V_74HC系列低功耗高速CMOS

2V_Tiny系列低电压微型CMOS　　3V_Tiny系列低电压微型CMOS

4V_Tiny系列低电压微型CMOS　　5V_Tiny系列低电压微型CMOS

6V_Tiny系列低电压微型CMOS

图 4.1.23　CMOS 符号说明

8. 其他数字器件库

其他数字器件库符号说明如图 4.1.24 所示。

9. 混合芯片库

混合芯片库中存放着 6 个器件箱,其中 ADC_DAC 和虚拟模拟开关都属于虚拟元件。其符号说明如图 4.1.25 所示。

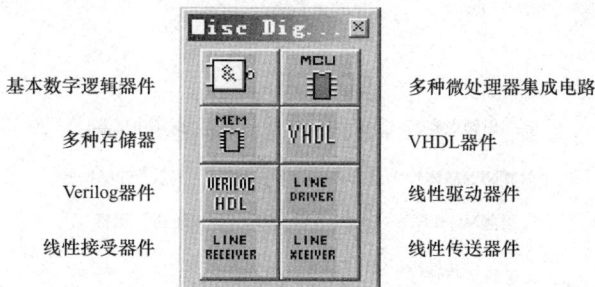

基本数字逻辑器件　　　多种微处理器集成电路

多种存储器　　　　　　VHDL器件

Verilog器件　　　　　　线性驱动器件

线性接受器件　　　　　线性传送器件

图 4.1.24　其他数字器件库符号说明

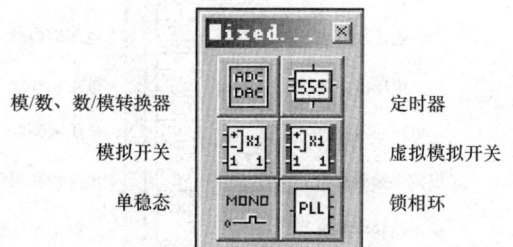

模/数、数/模转换器　　定时器

模拟开关　　　　　　　虚拟模拟开关

单稳态　　　　　　　　锁相环

图 4.1.25　混合芯片库符号说明

10. 指示器件库

指示器件库符号说明如图 4.1.26 所示。

11. 混杂器件库

混杂器件库符号说明如图 4.1.27 所示。

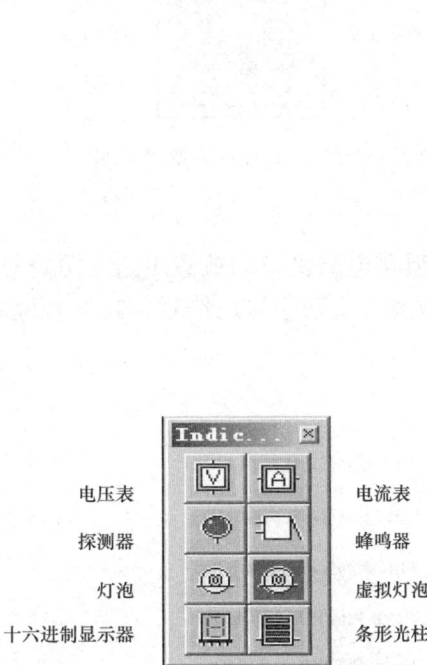

PWM(脉冲调制信号)控制器		电源控制器
MOSFET驱动器		混合器件库驱动器
混合器件库		滤波器
压电晶体		虚拟压电晶体
光耦器体		虚拟光耦器件
真空管		虚拟真空管
熔断丝		虚拟熔断丝
稳压管		电压基准器
过电压抑制管		直流电动机
开关电压降压转换		开关电压升压转换
开关电压升降压转换		有损耗传输线
无损耗传输线类型I		无损耗传输线类型II
		网络

图 4.1.26 指示器件库符号说明   图 4.1.27 混杂器件库符号说明

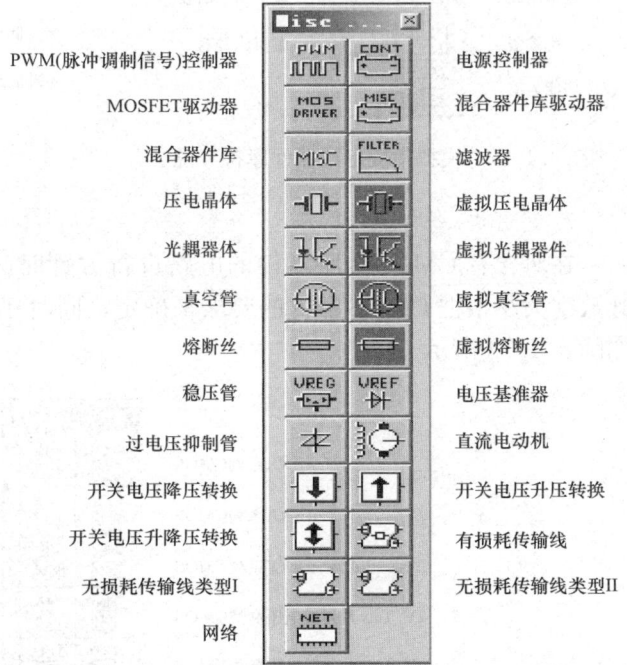

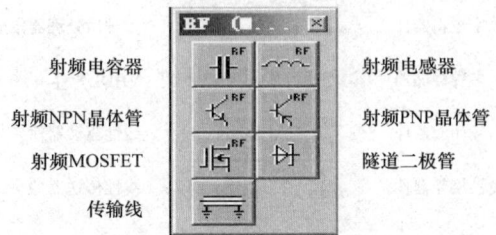

电压表		电流表
探测器		蜂鸣器
灯泡		虚拟灯泡
十六进制显示器		条形光柱

12. 控制器件库

控制器件库中有 12 个常用的控制模块器件箱，属于虚拟元件，不能修改其模型，只能设置相关参数。其符号说明如图 4.1.28 所示。

13. 射频器件库

射频器件库提供了 7 种能工作在超高频区域的元器件，它们的工作频率介乎于集中参数和分布参数之间，频率大致在 GHz 范围。其符号说明如图 4.1.29 所示。

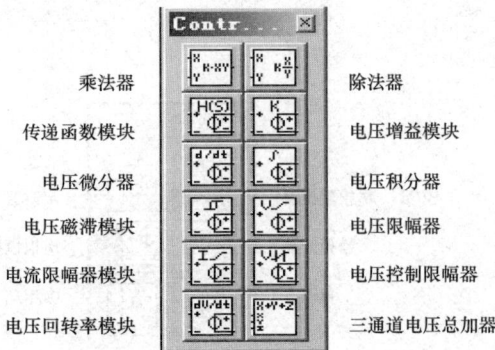

乘法器		除法器
传递函数模块		电压增益模块
电压微分器		电压积分器
电压磁滞模块		电压限幅器
电流限幅器模块		电压控制限幅器
电压回转率模块		三通道电压总加器

射频电容器		射频电感器
射频NPN晶体管		射频PNP晶体管
射频MOSFET		隧道二极管
传输线		

图 4.1.28 控制器件库符号说明   图 4.1.29 射频器件库符号说明

14. 机电类器件库

机电类元件库中包含电工类的器件，除线性变压器外，都以虚拟元件处理。其符号说明如图 4.1.30 所示。

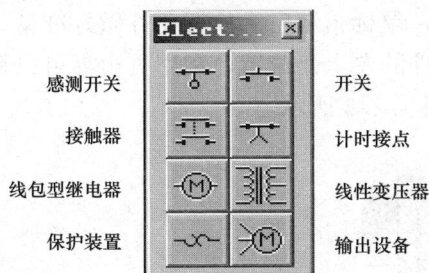

感测开关　　　　　　　　　　开关
接触器　　　　　　　　　　　计时接点
线包型继电器　　　　　　　　线性变压器
保护装置　　　　　　　　　　输出设备

图 4.1.30　机电类元件库符号说明

4.2　建 立 实 验 电 路

一、建立实验电路的步骤

建立并仿真一个简单的电路，第一步是选择要使用的元件，放置在电路窗口中希望的位置上，选择希望的方向，连接元件，以及进行其他的设计准备。

下面以建立一个简单的二极管闪烁电路为例，讲述怎样建立实验电路，如图 4.2.1 所示。

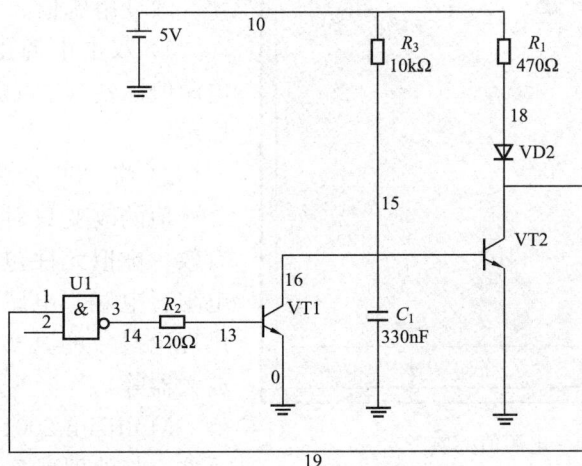

图 4.2.1　二极管闪烁电路

1. 放置元件

本节讲述如何利用元件工具栏放置元件，这是放置元件的一般方法。也可以用 Edit/Place Component 放置元件，当不知道要放置的元件包含在哪个元件箱中时，这种方法很有用。

（1）放置第一个元件。

第一步：放置电源。

放置第一个元件（一个 5V 电源）。

1）将鼠标指向电源工具按钮（或单击该按钮），电源族工具栏显示如图 4.2.2 所示。

2）单击直流电压源按钮，鼠标指示已为放置元件做好准备。

3）将鼠标移到要放置元件的左上角位置，利用页边界可以精确地确定位置，单击鼠标，电源出现在电路窗口中，如图 4.2.3 所示。

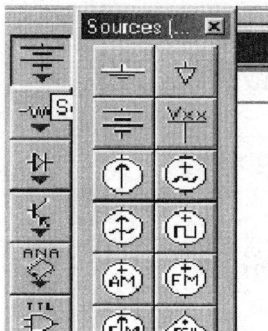

图 4.2.2　电源工具按钮

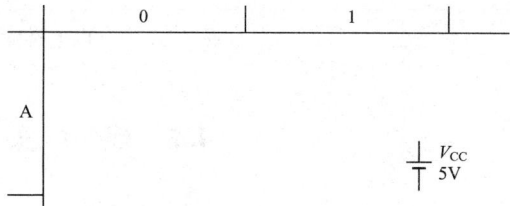

图 4.2.3　放置电源在电路窗口中

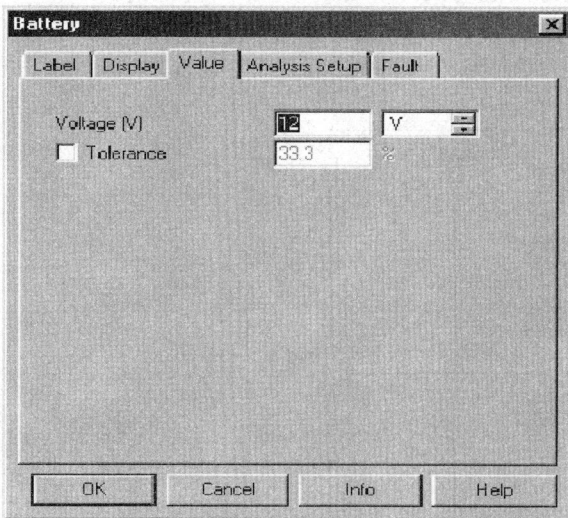

图 4.2.4　电源值标签

第二步：改变电源值。

电源的默认值是 12V，可以容易地将电压改为需要的 5V。

改变电源值。

1）双击电源出现电源特性对话框，电源值标签（Value tab）显示如图 4.2.4 所示。

2）将"5"改为"12"，单击"OK"。

值的改变只对虚拟（Virtual）元件有效。虚拟元件包括所有的电源和虚拟电阻、电容、电感，以及大量的用来提供理论对象的真实元件（如理想的运算放大器等）。

Multisim 2001 用两种方法处理虚拟元件，与处理真实元件稍有不同。首先，虚拟元件与真实元件的默认颜色不同，这样会提醒这些元件不是真实的，不会输出到 PCB 布线软件，下一步放置电阻时将会看到这种差别；其次，放置虚拟元件时不是从浏览器中选择的，因为可以任意设置元件值。

（2）放置下一个元件。

第一步：放置电阻。

放置第一个电阻。

1）放置鼠标于基本元件工具箱上，在出现的工具栏中单击电阻按钮，出现电阻浏览器，如图 4.2.5 所示。

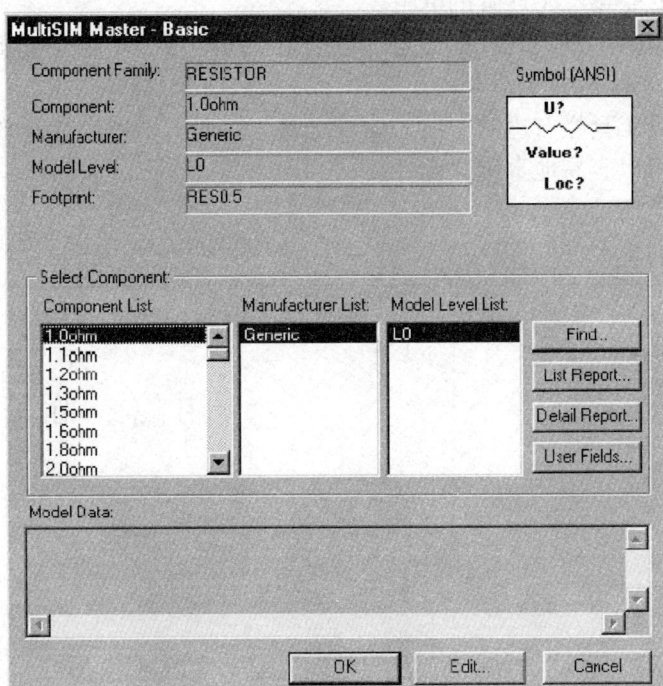

图 4.2.5 电阻浏览器

出现这个浏览器的原因是由于电阻族中包含很多真实元件，也就是可以买到的元件。它显示了主数据库中所有可能得到的电阻。

2）滚动"Component List"找到 470Ω 的电阻。

3）选择 470Ω 电阻，然后单击"OK"。鼠标出现在电路窗口中。

4）将鼠标移动到 A5 位置，单击鼠标放置元件。

注意：电阻的颜色与电源不同，提示它是实际的元件（可以输出到 PCB 布线软件）。

第二步：旋转电阻。

为了连线方便，需要旋转电阻。

旋转电阻。

1）右击电阻，出现弹出式菜单。

2）选择菜单中的"90CounterCW"命令，结果如图 4.2.6 所示。

3）如果需要，可以移动元件的标号，特别是在对电阻进行了数次旋转后，又不喜欢标号的显示方式时。例如，要移动元件的参考 ID，只需单击并拖动它即可，或者利用键盘上的箭头键，标号每次移动一个格点。

第三步：增加其他电阻。

本电路需要两个电阻，分别是 120Ω 和 470Ω。

R_1 470Ω

图 4.2.6 选择"90CounterCW"
命令的结果显示

要增加电阻。

1) 按照以上步骤在 D 行、2 列的位置添加加一个 120Ω 的电阻，请注意此电阻的参考 ID 是 "R2"，表示它是第二个放置的电阻。

2) 放置第三个电阻，即 470Ω 的电阻（可以用 "In Use" 列表），将此电阻放置在 4B 位置。

稍微看一下设计工具栏右边的 "In Use" 列表。它列出了迄今为止放置的所有的元件，单击列表中的元件可以容易地重用此元件。

结果如图 4.2.7 所示。

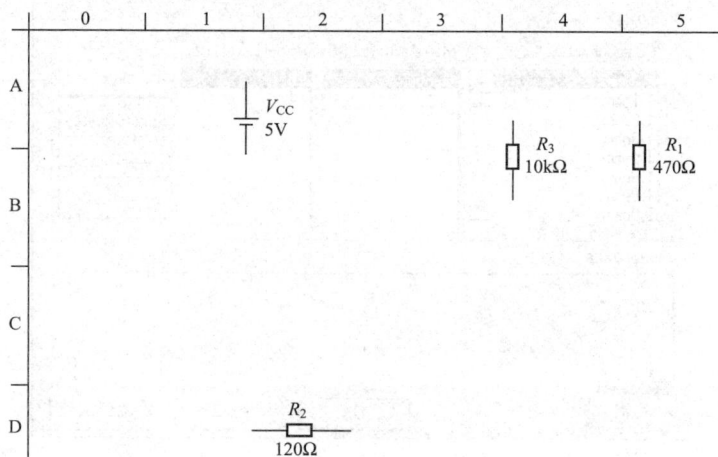

图 4.2.7　增加电阻

如果需要，可以容易地将已放置的元件移动到希望的位置。单击选中元件（确定选定的是元件不是标号），用鼠标拖动或用箭头键每次移动一步。

第四步：存储文件。

选择 "File/Save As" 菜单命令，给出存储位置与文件名。

（3）放置其他元件。

1) 按照以上步骤将下列元件放置在图 4.2.7 中所指位置。

2) 一个红色的 LED（取自于 Dioeds 族）放置在 R_1 的正下方。

3) 一个 74LS00D（取自于 TTL 族）在 VD1 位置。由于此元件有四个门，所以程序将提示您确定使用哪个门。四个门相同，可任选一个。

4) 一个 2N2222A 双极型 NPN 三极管（取自于三极管族），放置在 R_2 的右方。

5) 另一个 2N2222A 双极型 NPN 三极管放置在 LED 正下方（复制并粘贴前边的三极管到新位置即可）。

6) 一个 330nF 的电容（取自于基本元件族），放置在第一个三极管的右方，并沿顺时针方向旋转（如果需要，旋转后可以移动标号）。

7) 接地（取自于电源族），放置在 V_{CC}、VT1、VT2 和 C_1 的下方。电路中可以用多个地。

8) 一个 5V 的电源 V_{CC}（取自于电源族），放置在电路窗口的左上角；一个数字地（取自于电源族）放置在 V_{CC} 下方。

结果如图 4.2.8 所示。

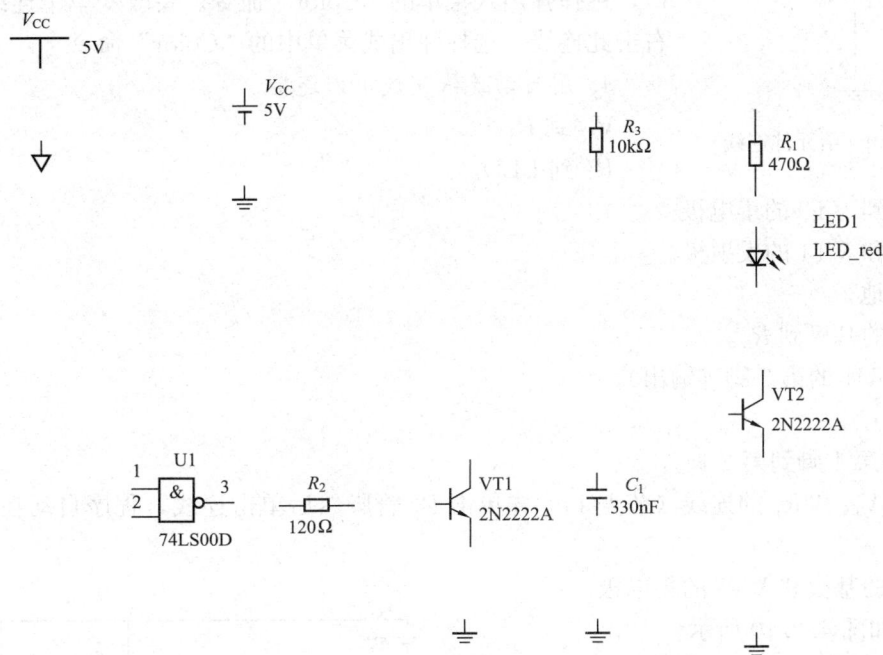

图 4.2.8　元件放置图

（4）选择"File/Save"存储文件。

2. 改变单个元件和节点的标号和颜色

可以改变 Multisim 赋予元件的标号与颜色。

（1）改变任一个元件的标号。

1）双击元件出现元件特性对话框。

2）单击标号"Label"标签，输入或调整标号（由字母与数字组成，不得含有特殊字符和空格）。

3）单击"Cancel"取消改变，单击"OK"存储改变。

（2）改变任一个元件的颜色，右击元件出现弹出式菜单，选择"CoLor"命令，从出现的对话框中选择合适的颜色。

3. 给元件连线

既然放置了元件，就要给元件连线。Multisim 有自动与手工两种连线方法。自动连线为 Multisim 特有，选择引脚间最好的路径自动完成连线，它可以避免连线通过元件和连线重叠；手工连线要求用户控制连线路径。可以将自动连线与手工连线结合使用，比如，开始用手工连线，然后让 Multisim 自动地完成连线。

（1）自动连线。

开始为 V_{CC} 和地连线。

开始自动连线。

1）单击 V_{CC} 下边的引脚。

2）单击接地上边的引脚，两个元件就自动完成了连线。结果如图 4.2.9 所示。

图 4.2.9　给元件连线

注意：连线默认为红色。要改变颜色默认值，右击电路窗口，选择弹出式菜单的"Color"命令。要改变单个连线的颜色，右击此连线，选择弹出式菜单中的"Color"命令。

4. 用自动连线完成下列连接

V_{CC}到 R_1。

R_1 到 LED。

LED 到 VT2 的集电极。

VT2 和 VT1 的发射极。

C_1 到地。

VT1 的基极到 R_2。

R_3 到 U1 的第 3 脚（输出）。

R_3 到 C_1。

U1 的第 1 脚到第 2 脚。

R_3 到 V_{CC} 和 R_1 的连线（节点 1）。先单击 R_3 管脚然后单击连线，程序自动在连接点上增加节点。

VT2 的基极和 VT1 的集电极。

结果如图 4.2.10 所示。

按 ESC 结束自动连线。

要删除连线，右击连线从弹出式菜单中选择"Delete"或按"DELETE"键。

手工连线。

现在要将 U1 的输入连接到 LED 与 VT2 之间的连线，使用手工连线可以精确地控制路径。Multisim 防止将两根连线连接到同一引脚，这样可以避免连线错误。现在从 U1 的 1 脚与 2 脚间的连线开始进行，而不是从 1 脚或 2 脚开始，从连线中间开始连线需要在连线上增加节点。

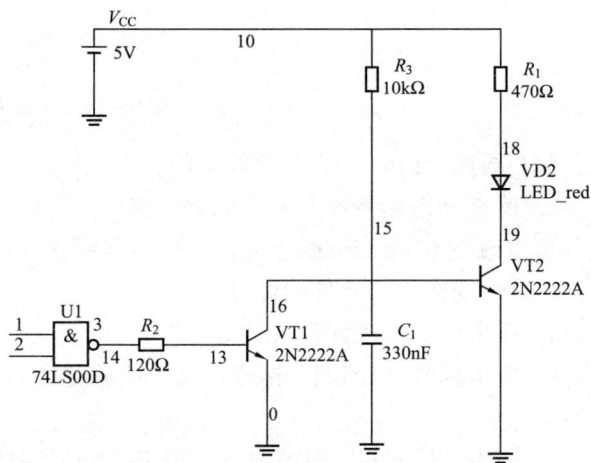

图 4.2.10　自动连线连接电路

增加节点。

1）选择"Edit/place Junction"菜单命令，鼠标指示已经做好放置节点准备。

2）单击 U1 输入间的连线放置节点。

3）出现节点特性对话框，保持节点特性为默认状态，单击"OK"。

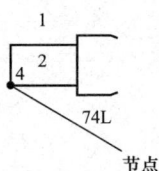

图 4.2.11　增加节点

4）节点出现在连线上，如图 4.2.11 所示。

下面要按照需要的路径进行连线，显示格点可以帮助确定连线的位置。

右击电路窗口，从弹出式菜单中选择"Grid Visible"命令以显示格点。

进行手工连续。

1）单击刚才放置在 U1 输入端的节点。

2）向元件的下方拖动连线，连线的位置是"固定的"。

3）拖动连续至元件下方几个格点的位置，再次单击。

4）向上拖动连线到 LED1 和 VT2 间连线的对面，再次单击。

5）拖动连线至 LED1 与 VT2 间的连线上，再次单击。

结果如图 4.2.12 所示。

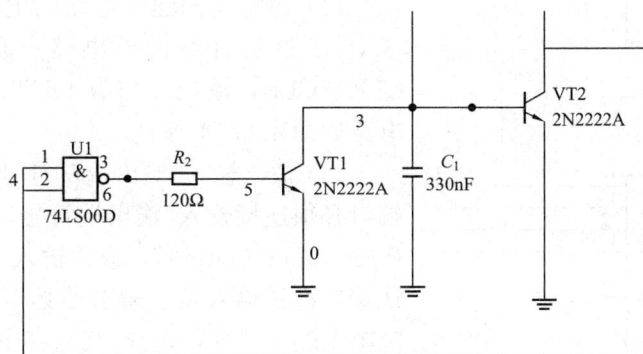

图 4.2.12　手工连线连接电路

按住 CTRL 键然后单击拖动点可以删除它。

5. 为电路增加文本

Multisim 允许增加标题栏和文本来注释电路。

（1）增加标题栏。选择"Edit/Set Title Block"，输入标题文本单击"OK"，标题栏出现在电路窗口的右下角。

（2）增加文本：

1）选择"Edit/Place Text"。

2）单击电路窗口，出现文本框。

3）输入文本，比如"My tutorial circuit"。

4）单击要放置文本的位置。

（3）要删除文本，右击文本框，然后从弹出式菜单中选择 Delete 命令，或者按 DE-LETE 键。

（4）要改变文本的颜色，右击文本框，然后从弹出式菜单中选择 Color 命令，选择合适的颜色。

（5）要编辑文本，单击文本框编辑文本，单击文本框以外任一处结束编辑。

（6）移动文本框，单击并拖动文本框到新位置即可。

6. 结束

上面讲述了如何往电路窗口中放置元件，以及如何给元件连线，也讲述了一些有关窗口式样的选择。对电路进行分析评估需要增加虚拟仪表，虚拟仪表的放置方法与元件一样。有关虚拟仪表的介绍，请参考本章第四节 Multisim2001 虚拟测试仪器。

二、创建 Multisim 2001 子电路

当电路出现以下几个方面原因时，通过创建子电路可以提高设计效率和信息阅读：一是

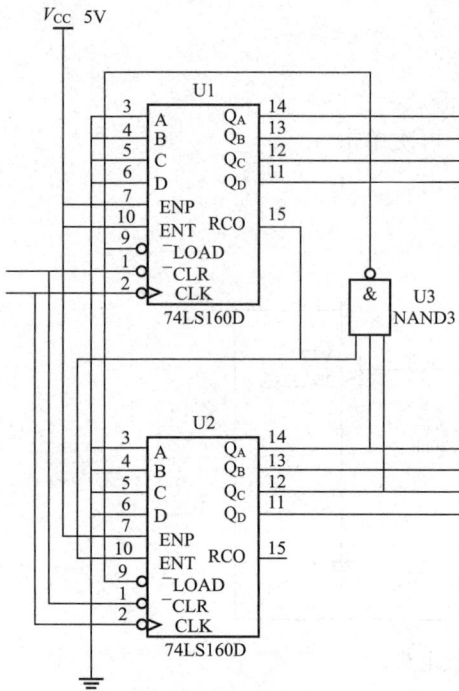

图 4.2.13　创建子电路

当电路规模较大时，在屏幕显示分辨不清，可以通过创建子电路把某部分电路用一个子电路符号来表示，提高电路的阅读清晰度；二是当电路的某部分会在一个或多个电路中多次使用时，把该部分电路通过子电路的形式调用，使用起来会非常方便。创建子电路是非常简单的过程，基本步骤如下所述。

（1）建立要创建子电路的电路图。比如要创建一个 60 进制计数的子电路，该电路输入端口有 CLK、CLR，输出端口有 OUT1～OUT8，创建的电路如图 4.2.13 所示。

（2）放入输入/输出端口符号。电路的输入输出端口必须连接输入/输出端符号，点击菜单"Place/Place Input/Output"，放入输入/输出端口，注意默认端口都是输入端，输出端必须要反向，方法是右键单击端口符号，选择"Flip Horizontal"。

（3）输入/输出端口命名。双击端口符号，在弹出的对话框中，输入端口名称即可。最终的电路图如图 4.2.14 所示。

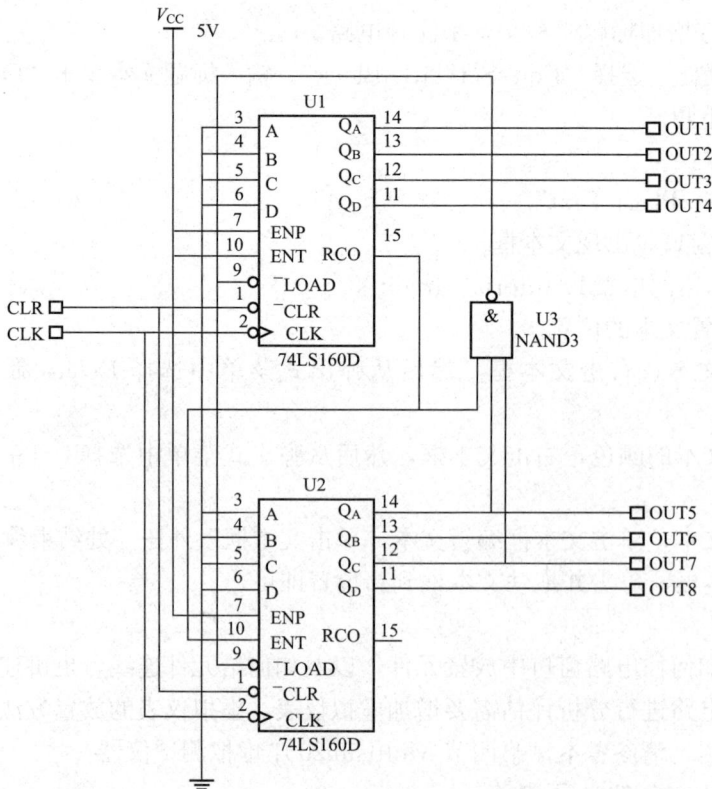

图 4.2.14　输入/输出端口命名电路

（4）按住鼠标左键或选择快捷方式 Ctrl＋A 按钮，全部选中图 4.2.14，单击菜单"Place/Replce by Subcircuit"，打开如图 4.2.15 所示的对话框，输入子电路的名称。

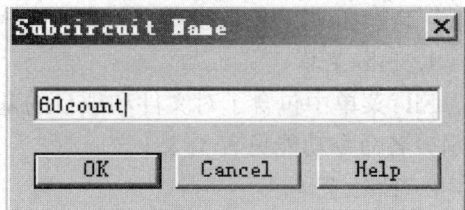

（5）取出子电路。选择菜单"Place/Place as Subcircuit"，打开如图 4.2.15 所示的对话框，在对话框中输入子电路的名称即可。

图 4.2.15　输入子电路名称

（6）编辑子电路。如果要查看子电路内部电路图或重新编辑子电路，双击子电路符号，在弹出的对话框中选择"Edit Subcircuit"即可，如图 4.2.16 所示。

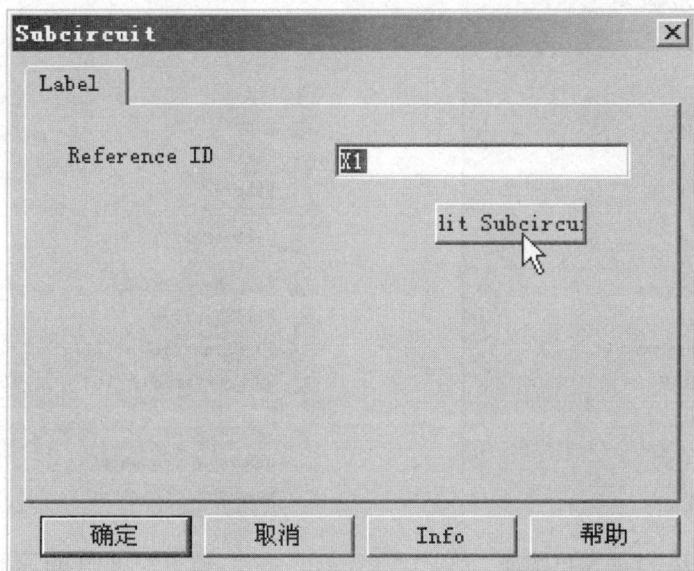

图 4.2.16　编辑子电路对话框

三、Multisim 2001 的菜单

与所有的 Windows 应用程序类似，菜单栏中提供了本软件几乎所有的功能命令。Multisim 2001 菜单栏包含着 10 个主菜单，如图 4.2.17 所示，从左至右分别为 File（文件菜单）、Edit（编辑菜单）、View（视图菜单）、Place（放置菜单）、Simulate（仿真菜单）、Transfer（文件输出菜单）、Tools（工具菜单）、Options（选项菜单）、Window（窗口菜单）、Help（帮组菜单）。在每个主菜单下都有一个下拉菜单，用户可以从中找到电路文件的存取、网表文件的输入/输出、电路图的编辑、电路的仿真与分析以及在线帮助等各项功能。

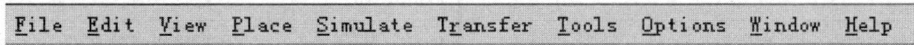

File　Edit　View　Place　Simulate　Transfer　Tools　Options　Window　Help

图 4.2.17　Multisim 2001 的主菜单

不难看出菜单中有一些与大多数 Windows 平台上的应用软件一致的功能选项，如 File、Edit、View、Options、Help。此外，还有一些 EDA 软件专用的选项，如 Place、Simulation、Transfer 以及 Tool 等。

1. File 菜单

File 菜单中包含了对文件和项目的基本操作以及打印等命令。File 菜单界面如图 4.2.18 所示，各命令功能见表 4.2.1。

2. Edit 菜单

Edit 菜单命令提供了类似于图形编辑软件的基本编辑功能，用于对电路图进行编辑。Edit 菜单界面如图 4.2.19 所示，各命令功能见表 4.2.2。

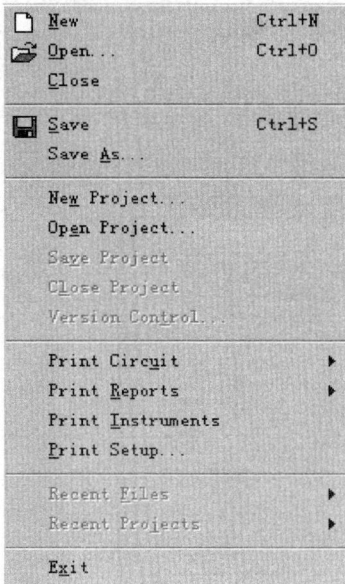

图 4.2.18　File 菜单界面　　　　　图 4.2.19　Edit 菜单界面

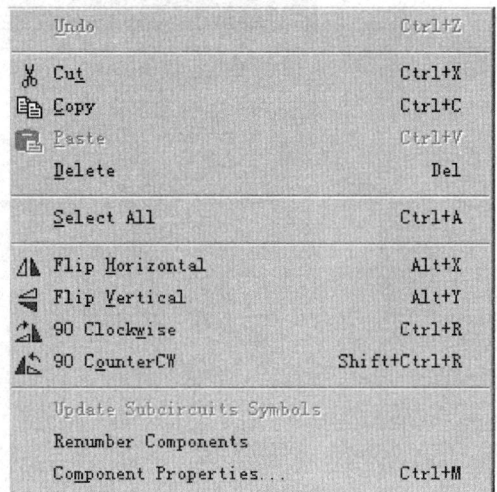

表 4.2.1　　　　　　　　　　File 菜单中各命令功能

命令	功能	命令	功能
New	建立新文件	Save Project	保存当前项目
Open	打开文件。打开已存在的 Multisim 文件（*.msm）、EWB 文件（*.ewb）、Spice 文件（*.cir）、Ulticap 文件（*.utsch）、Orcad 文件（*.dsn）。由此可以看出，Multisim 2001 与众多的电子电路仿真软件具有兼容性	Close Project	关闭项目
		Version Control	版本管理
		Print Circuit	打印电路
		Print Reports	打印报表
Close	关闭当前文件	Print Instruments	打印当前仪表的波形
Save	保存	Print Setup	打印机设置
Save As	另存为	Recent Files	最近编辑过的文件
New Project	建立新项目	Recent Projects	最近编辑过的项目
Open Project	打开项目	Exit	退出 Multisim 2001

表 4.2.2   **Edit 菜单中各命令功能**

命令	功能	命令	功能
Undo	撤销编辑	Flip Horizontal	将所选的元件左右翻转
Cut	剪切	Flip Vertical	将所选的元件上下翻转
Copy	复制	90 ClockWise	将所选的元件顺时针 90 度旋转
Paste	粘贴	90 ClockWiseCW	将所选的元件逆时针 90 度旋转
Delete	删除	Component Properties	打开所选元器件属性
Select All	全选		

3. View 菜单

通过 View 菜单可以决定使用软件时的视图，对一些工具栏和窗口进行控制。View 菜单界面如图 4.2.20 所示，各命令功能见表 4.2.3。

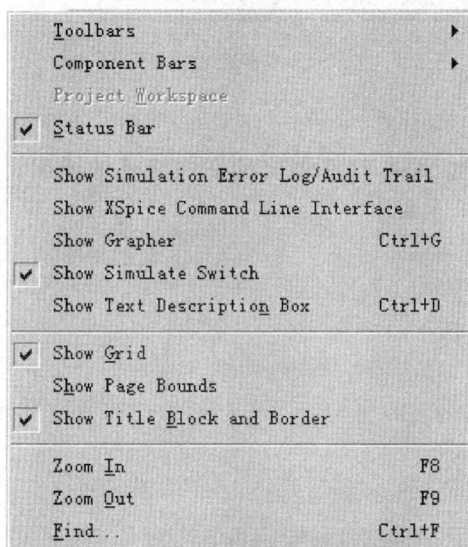

图 4.2.20 View 菜单界面

表 4.2.3   **View 菜单中各命令功能**

命令	功能
Toolbars	显示工具栏
Component Bars	显示元器件栏
Project Workspace	显示项目工作台
Status Bar	显示状态栏
Show Simulation Error Log/Audit Trail	显示仿真错误记录信息窗口
Show XSpice Command Line Interface	显示 Xspice 命令窗口
Show Grapher	显示波形窗口
Show Simulate Switch	显示仿真开关
Show Text Block Box	显示文字编辑窗口
Show Grid	显示栅格
Show Page Bounds	显示页边界
Show Title Block and Border	显示标题栏和图框
Zoom In	放大显示
Zoom Out	缩小显示
Find	查找

4. Place 菜单

通过 Place 命令输入电路图。Place 菜单界面如图 4.2.21 所示，各命令功能见表 4.2.4。

表 4.2.4   **Place 菜单中各命令功能**

命令	功能	命令	功能
Place Component	放置元器件	Place Text	放置文字
Place Junction	放置连接点	Place Text Description Box	打开电路图描述窗口，编辑电路图描述文字
Place Bus	放置总线	Replace Component	重新选择元器件替代当前选中的元器件
Place Input/Output	放置输入/出接口	Place as Subcircuit	放置子电路
Place Hierarchical Block	放置层次模块	Replace by Subcircuit	重新选择子电路替代当前选中的子电路

5. Simulate 菜单

通过 Simulate 菜单执行仿真分析命令。Simulate 菜单界面如图 4.2.22 所示，各命令功能见表 4.2.5。

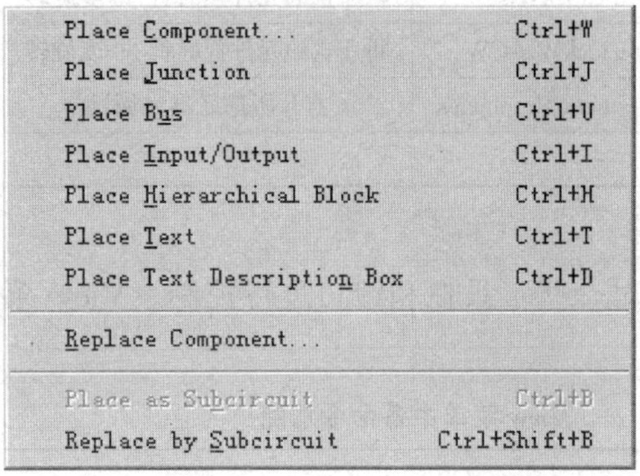

Place Component...	Ctrl+W
Place Junction	Ctrl+J
Place Bus	Ctrl+U
Place Input/Output	Ctrl+I
Place Hierarchical Block	Ctrl+H
Place Text	Ctrl+T
Place Text Description Box	Ctrl+D
Replace Component...	
Place as Subcircuit	Ctrl+B
Replace by Subcircuit	Ctrl+Shift+B

图 4.2.21 Place 菜单界面

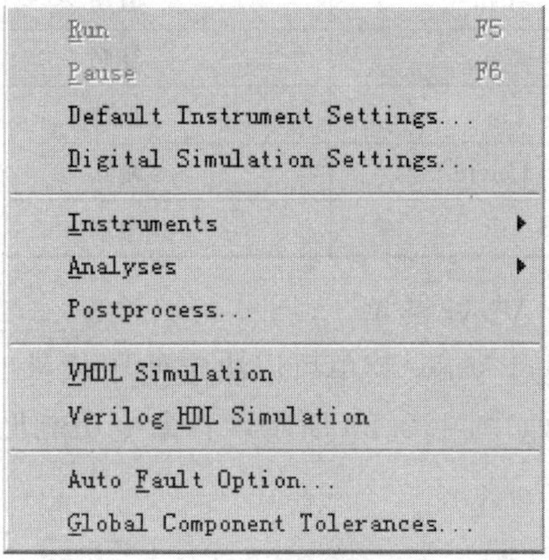

Run	F5
Pause	F6
Default Instrument Settings...	
Digital Simulation Settings...	
Instruments	▶
Analyses	▶
Postprocess...	
VHDL Simulation	
Verilog HDL Simulation	
Auto Fault Option...	
Global Component Tolerances...	

图 4.2.22 Simulate 菜单界面

6. Transfer 菜单

Transfer 菜单提供的命令可以完成 Multisim 对其他 EDA 软件需要的文件格式的输出。Transfer 菜单界面如图 4.2.23 所示，各命令功能见表 4.2.6。

表 4.2.5 Simulate 菜单中各命令功能

命令	功能
Run	执行仿真
Pause	暂停仿真
Default Instrument Settings	设置仪表的预置值
Digital Simulation Settings	设定数字仿真参数
Instruments	选用仪表（也可通过工具栏选择）
Analyses	选用各项分析功能
Postprocess	启用后处理
VHDL Simulation	进行 VHDL 仿真
Verilog HDL Simulation	进行 Verilog HDL 仿真
Auto Fault Option	自动设置故障选项
Global Component Tolerances	设置所有器件的误差

| Transfer to Ultiboard |
| Transfer to other PCB Layout |
| Backannotate from Ultiboard |
| Export Simulation Results to MathCAD |
| Export Simulation Results to Excel |
| Export Netlist |

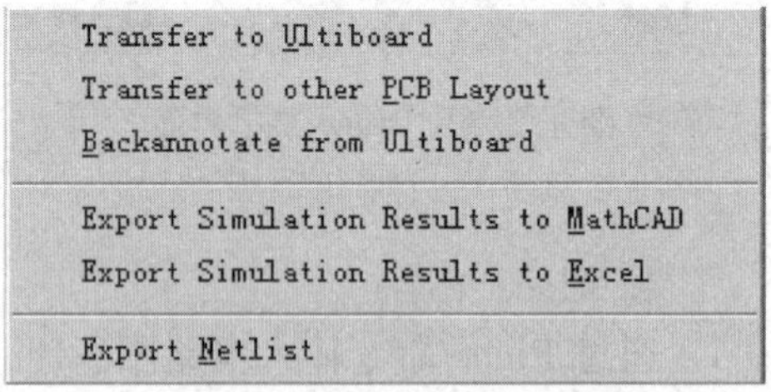

图 4.2.23 Transfer 菜单界面

表 4.2.6 Transfer 菜单中各命令功能

命令	功能
Transfer to Ultiboard	将所设计的电路图转换为 Ultiboard（Multisim 中的电路板设计软件）的文件格式
Transfer to other PCB Layout	将所设计的电路图以其他电路板设计软件所支持的文件格式
Backannotate From Ultiboard	将在 Ultiboard 中所作的修改标记到正在编辑的电路中

续表

命令	功能
Export Simulation Results to MathCAD	将仿真结果输出到 MathCAD
MathCADExport Simulation Results to Excel	将仿真结果输出到 Excel
Export Netlist	输出电路网表文件

7. Tools 菜单

Tools 菜单主要针对元器件的编辑与管理的命令。Tools 菜单界面如图 4.2.24 所示，各命令功能见表 4.2.7。

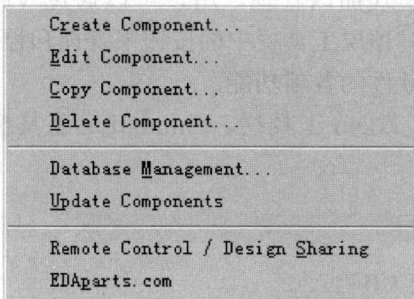

图 4.2.24　Tools 菜单界面

表 4.2.7　　　　　Tools 菜单中各命令功能

命令	功能
Create Component	新建元器件
Edit Component	编辑元器件
Copy Component	复制元器件
Delete Component	删除元器件
Database Management	启动元器件数据库管理器，进行数据库的编辑管理
Update Components	更新元器件

8. Options 菜单

通过 Option 菜单可以对软件的运行环境进行定制和设置。Options 菜单界面如图 4.2.25 所示，各命令功能见表 4.2.8。

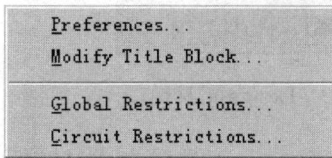

图 4.2.25　Options 菜单界面

表 4.2.8　　　　　Options 菜单中各命令功能

命令	功能
Preferences	设置操作环境
Modify Title Block	编辑标题栏
Global Restrictions	设定软件整体环境参数
Circuit Restrictions	设定编辑电路的环境参数

9. Windows 菜单

通过 Windows 菜单可以对多个文件编辑窗口进行调整。Windows 菜单界面如图 4.2.26 所示，各命令功能见表 4.2.9。

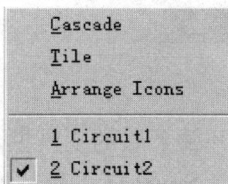

图 4.2.26　Windows 菜单界面

表 4.2.9　　　　　Windows 菜单中各命令功能

命令	功能
Cascade	编辑窗口层叠
Tile	编辑窗口平铺
Arrange Icons	排列图元符号

10. Help 菜单

Help 菜单提供了对 Multisim 的在线帮助和辅助说明。Help 菜单界面中各命令功能见表 4.2.10。

表 4.2.10　　　　　　　　　　　　Help 菜单界面中各命令功能

命令	功能	命令	功能
Multisim Help	Multisim 的在线帮助	Release Note	Multisim 的发行申明
Multisim Reference	Multisim 的参考文献	About Multisim	Multisim 的版本说明

四、Multisim 2001 的工具栏

Multisim 2001 提供了多种工具栏，并以层次化的模式加以管理，用户可以通过 View 菜单中的选项方便地将顶层的工具栏打开或关闭，再通过顶层工具栏中的按钮来管理和控制下层的工具栏。通过工具栏，用户可以方便直接地使用软件的各项功能。

顶层的工具栏有 Standard 工具栏、Design 工具栏、Zoom 工具栏、Simulation 工具栏，如图 4.2.27 所示。

图 4.2.27　Multisim 2001 顶层工具栏

（1）Standard 工具栏包含了常见的文件操作和编辑操作，如图 4.2.28 所示。

（2）Design 工具栏作为设计工具栏是 Multisim 的核心工具栏，通过对该工作栏按钮的操作，可以完成对电路从设计到分析的全部工作，其中的按钮可以直接开关下层的工具栏，包括 Component 中的 Multisim Master 工具栏、Instrument 工具栏，如图 4.2.29 所示。

图 4.2.28　Standard 工具栏　　　　　　　图 4.2.29　Design 工具栏

1）作为元器件（Component）工具栏中的一项，可以在 Design 工具栏中通过按钮来开关 Multisim Master 工具栏。该工具栏有 14 个按钮，每一个按钮都对应一类元器件，其分类方式和 Multisim 元器件数据库中的分类相对应，通过按钮上图标就可清楚该类元器件的类型。具体的内容可以从 Multisim 的在线文档中获取。Multisim Master 工具栏如图 4.2.30 所示。

图 4.2.30　Multisim Master 工具栏

这个工具栏作为元器件的顶层工具栏，每一个按钮又可以开关下层的工具栏，下层工具栏是对该类元器件更细致的分类工具栏。以第一个按钮 为例，Sources 工具栏如图 4.2.31 所示。

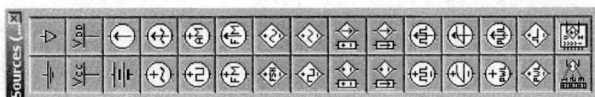

图 4.2.31　Sources 工具栏

2）Instruments 工具栏集中了 Multisim 2001 为用户提供的所有虚拟仪器仪表，用户可以通过按钮选择自己需要的仪器对电路进行观测。Instruments 工具栏如图 4.2.32 所示。

3）用户可以通过 Zoom 工具栏方便地调整所编辑电路的视图大小。Zoom 工具栏如图 4.2.33 所示。

（3）Simulation 工具栏可以控制电路仿真的开始、结束和暂停。Simulation 工具栏如图 4.2.34 所示。

图 4.2.32　Instruments 工具栏　　　图 4.2.33　Zoom 工具栏　　　图 4.2.34　Simulation 工具栏

4.3　虚 拟 设 计 举 例

4.3.1　交通信号灯仿真设计

城市十字交叉路口为确保车辆、行人安全有序地通过，都设有指挥信号灯。交通信号灯的出现，使交通得以有效管制，对于疏导交通流量、提高道路通行能力、减少交通事故等有明显效果。因此，如何采用合适的方法，使交通信号灯的控制与交通疏导有机结合，最大限度缓解主干道与匝道、城区同周边地区的交通拥堵状况，越来越成为交通运输管理和城市规划部门亟待解决的问题。下面就一个简单的交通灯控制系统的电路原理、设计和仿真测试等问题来进行具体分析讨论。

一、功能要求

（1）设计一个十字路口的交通灯控制电路，要求东西方向车道和南北方向车道两条交叉道路上的车辆交替运行，每次通行时间都设为 45s。时间可设置修改。

（2）在绿灯转为红灯时，要求黄灯先亮 5s，才能变换运行车道。

（3）黄灯亮时，要求每秒闪亮一次。

（4）东西方向、南北方向车道除了有红、黄、绿灯指示外，每一种灯亮的时间都用显示器进行显示（采用倒计时的方法）。

（5）假定 +5V 电源给定。

二、总体方案设计

依据功能要求，交通灯控制系统应主要由秒脉冲信号发生器、倒计时计数电路和信号灯转换器组成，原理框图如图 4.3.1 所示。秒脉冲信号发生器是该系统中倒计时计数电路和黄灯闪烁控制电路的标准时钟信号源。倒计时计数器输出两组驱动信号 T_5 和 T_0，分别为黄灯闪烁和变换为红灯的控制信号，这两个信号经信号灯转换器控制信号灯工作。倒计时计数电路是系统的主要部分，由它控制信号灯转换器的工作。

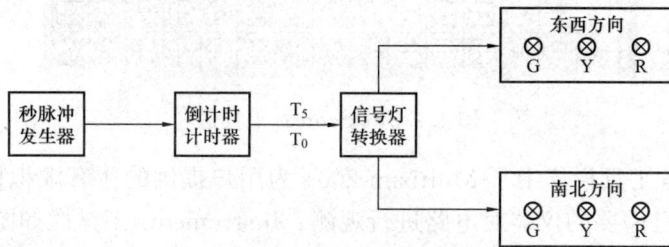

图 4.3.1　交通灯控制系统原理图

三、单元电路设计

（一）信号灯转换器

信号灯状态与车道运行状态如下。

S_0：东西方向车道的绿灯亮，车道通行；南北方向车道的红灯亮，车道禁止通行。

S_1：东西方向车道的黄灯亮，车道缓行；南北方向车道的红灯亮，车道禁止通行。

S_2：东西方向车道的红灯亮，车道禁止通行；南北方向车道的绿灯亮，车道通行。

S_3：东西方向车道的红灯亮，车道禁止通行；南北方向车道的黄灯亮，车道缓行。

用以下 6 个符号来分别代表东西（A）、南北（B）方向上各灯的状态。

$G_A=1$：东西方向车道绿灯亮。

$Y_A=1$：东西方向车道黄灯亮。

$R_A=1$：东西方向车道红灯亮。

$G_B=1$：南北方向车道绿灯亮。

$Y_B=1$：南北方向车道黄灯亮。

$R_B=1$：南北方向车道红灯亮。

实现信号灯的转换有多种方法，现采用比较典型的两种方法来进行设计，比较其优劣后可以找到一种较简单、更实用的电路来实现信号灯的转换工作。

1. 方案一：采用计数器 74161 实现

74161 是一个具有异步清零、同步置数、可保持状态不变的 4 位二进制同步加法计数器。其功能见表 4.3.1。

表 4.3.1　　　　　　　　　　　　　　　**74163 的功能表**

$\overline{CLR}$	$\overline{LOAD}$	ENP	ENT	CLK	A	B	C	D	Q_A	Q_B	Q_C	Q_D
0	×	×	×	×	×	×	×	×	0	0	0	0
1	0	×	×	↑	×	×	×	×	A	B	C	D
1	1	1	1	↑	×	×	×	×	计数			
1	1	1	0	×	×	×	×	×	0	0	0	0
1	1	0	1	×	×	×	×	×	0	0	0	0

若选用集成计数器 74161 来实现，则其输出状态编码与车道状态 $S_0=0000$，$S_1=0001$，$S_2=0010$，$S_3=0011$（输出的编码从左至右分别为 Q_D、Q_C、Q_B、Q_A）。通过信号灯与车道状态的关系可以进一步得到。计数器输出状态编码与信号灯状态的对应关系见表 4.3.2。

表 4.3.2　　　　　　　　　　　状态编码与信号灯状态关系表

$Q_D Q_C Q_B Q_A$	G_A	Y_A	R_A	G_B	Y_B	R_B
0　0　0　0	1	0	0	0	0	1
0　0　0　1	0	1	0	0	0	1
0　0　1　0	0	0	1	1	0	0
0　0　1　1	0	0	1	0	1	0

由表 4.3.2 可以得出信号灯状态的逻辑表达式为

$$G_A = \overline{Q_A}\,\overline{Q_B}\,\overline{Q_C}\,\overline{Q_D} \qquad Y_A = Q_A\,\overline{Q_B}\,\overline{Q_C}\,\overline{Q_D} \qquad R_A = Q_B$$

$$G_B = \overline{Q_A}\,Q_B\,\overline{Q_C}\,\overline{Q_D} \qquad Y_B = \overline{Q_A}\,Q_B\,\overline{Q_C}\,\overline{Q_D} \qquad R_B = \overline{Q_B}$$

车道状态由 S_0 - S_1 - S_2 - S_3 的逐步变换实际上就是计数器 74161 一个加法计数的过程。74161 的输出由 0000 开始加法计数，加至 0011 后又返回 0000 重新计数。因此观察 74161 的功能表，只要在计数时给 CLR 高电平，计满 0011 后给 CLR 一个低电平，这样就可以实现上述变化。因此，只需将 74161 的输出端 Q_A、Q_B 用一与非门连接后在 CLR 端即可。同时，74161 的引脚 LOAD、ENP、ENT 置高电平，CLK 输入时钟脉冲（暂时由时钟信号源替代），引脚 A、B、C、D、RCO 悬空。按此方法连接后的电路如图 4.3.2 所示。

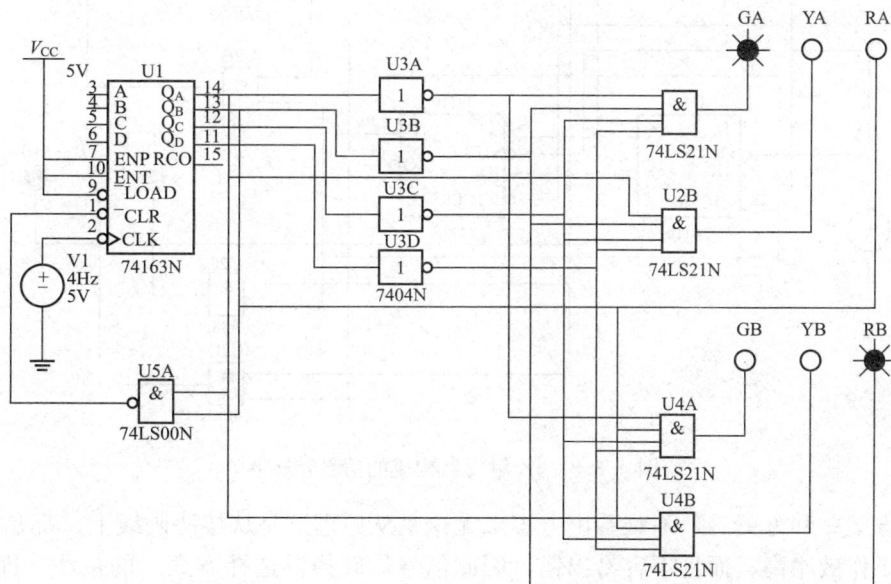

图 4.3.2　74163 构成的信号转换器

2. 方案二：采用 JK 触发器实现

若选用 JK 触发器，设状态编码为 $S_0 = 00$，$S_1 = 01$，$S_2 = 11$，$S_3 = 10$，其输出 Q_1、Q_0，则其与信号灯状态关系见表 4.3.3。

由表 4.3.3 可以得出信号灯状态的逻辑表达式为

$$G_A = Q_1^{-n} Q_0^{-n} \quad Y_A = Q_1^{-n} Q_0^{n} \quad R_A = Q_1^{n}$$

$$G_B = Q_1^{n} Q_0^{n} \quad Y_B = Q_1^{n} Q_0^{-n} \quad R_B = Q_1^{-n}$$

表 4.3.3　　　　　　　　　　　　状态编码与信号灯关系表

现态		次态		输出					
Q_1^n	Q_0^n	Q_1^{n+1}	Q_0^{n+1}	G_A	Y_A	R_A	G_B	Y_B	R_B
0	0	0	1	1	0	0	0	0	1
0	1	1	1	0	1	0	0	0	1
1	1	1	0	0	0	1	1	0	0
1	0	0	0	0	0	1	0	1	0

　　JK 触发器的输出状态是与 J 输入端的状态相同的，同时分析表 4.3.3，触发器 0 的现态与触发器 1 的次态相同，触发器 1 的现态与触发器 0 的次态相反，因此可以将触发器 0 的输出端 Q 、$\overline{Q}$（现态）分别接触发器 1 的 J 、K 输入端（次态），触发器 1 的输出端 Q 、$\overline{Q}$（现态）分别接触发器 0 的 K 、J 端（次态），取触发器 0 为 U_{1A}，触发器 1 为 U_{1B}，连接后的电路如图 4.3.3 所示。

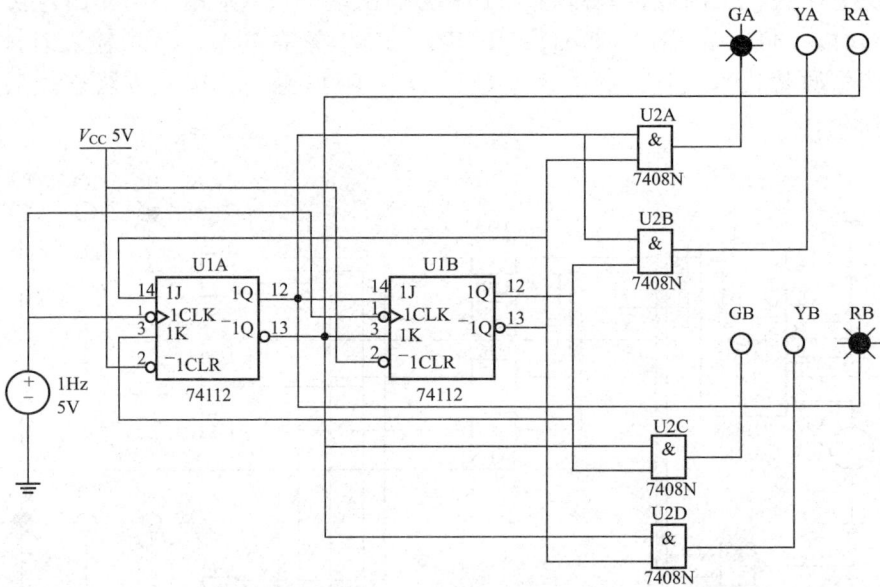

图 4.3.3　JK 触发器构成的信号转换器

　　对比方案一和方案二，不难看出方案二无论是从原理还是从接法画线上，都是比较简单易懂的，工作效率高，而且不容易出错，因此信号灯转换器选择方案二的接法，即用 JK 触发器进行信号灯的转换。

（二）倒计时计数器

　　十字路口要有数字显示作为倒计时提示，以便人们更直观地把握时间。当某方向绿灯亮时，置显示器为某值，然后以每秒减 1，计数方式工作，直至减到数为"5"和"0"，十字路口绿、黄、红灯变换，一次工作循环结束，而进入下一步某方向的工作循环。在到倒计时过程中计数器还向信号灯转换器提供模 5 的定时信号 T_5 和模 0 的定时信号 T_0，用以控制黄灯的闪烁和黄灯向红灯的变换。

　　倒计时显示采用七段数码管作为显示，它由计数器驱动并显示计数器的输出值。

计数器选用集成电路 74190 进行设计较简单。74190 是十进制同步可逆计数器，它具有异步并行置数功能、保持功能。74190 没有专用的清零输入端，但可以借助 Q_D、Q_C、Q_B、Q_A 的输出数据间接实现清零功能。74190 的功能表见表 4.3.4。

表 4.3.4　　　　　　　　　　　　74190 的功能表

$\overline{CTEN}$	D\U	CLK	$\overline{LOAD}$	A	B	C	D	Q_A	Q_B	Q_C	Q_D
×	×	×	0	×	×	×	×	A	B	C	D
0	1	↑	1	×	×	×	×	减计数			
0	0	↑	1	×	×	×	×	加计数			
1	×	×	1	×	×	×	×	0	0	0	0

要实现 45s 的倒计时，需选用两个 74190 芯片级联成一个从 9 倒计到 00 的计数器，其中作为个位数的 74190 芯片的 CLK 接秒脉冲发生器（频率为 1），再把个位数 74190 芯片输出端的 Q_A、Q_D 用一个与门连起来，再接在十位数 74190 芯片的 CLK 端。当个位数减到 0 时，再减 1 就会变成 9，0（0000）和 9（1001）之间的 Q_A、Q_D 与起来接在十位数的 CLK 端，此时会给十位数 74190 芯片一个脉冲数字减 1，相当于借位。

预置数（即车的通行时间）功能：用 8 个开关分别接十位数 74190 芯片的 D、C、B、A 端和个位数 74190 芯片的 D、C、B、A 端；预置数的范围为 1～99；假如把通行时间设为 45s，如图 4.3.4 的接法，A 接 0，B 接 1，C 接 0，D 接 0，F 接 1，G 接 0，H 接 1；接电源相当于接 1，悬空相当于接 0。

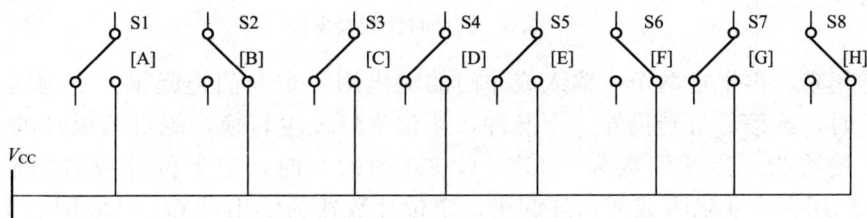

图 4.3.4　预置数连接方法

按照 74190 的功能表，CTEN 端接低电平，加、减计数控制端 D、U 接高电平实现减计数。预置端 LOAD 接高电平时计数，接低电平时预置数。因此，工作开始时，LOAD 为 0，计数器预置数，置完数后，LOAD 变为 1，计数器开始倒计时，当倒计时减到数 00 时，LOAD 又变为 0，计数器又预置数，之后又倒计时，如此循环下去。这可以借助两片 74190 的 8 个输出端来实现，用或门将 8 个输出端连起来，再接在预置端 LOAD 上。但由于没有 8 输入的或门，所以需要改用两个 4 输入的或非门连接，然后再用一个与非门连接来完成此功能。连接后的电路图如图 4.3.5 所示。

（三）倒计时计数器与信号灯转换器的连接

倒计时计数器向信号灯转换器提供定时信号 T_5 和定时信号 T_0 以实现信号灯的转换。T_0 表示倒计时减到数 "00" 时（即绿灯的预置时间，因为到 "00" 时，计数器重新置数），此时给信号灯转换器一个脉冲，使信号灯发生转换，一个方向的绿灯亮，另一个方向的红灯亮。接法为：把个位、十位计数器的输出端 Q_A、Q_B、Q_C、Q_D 分别用一个 4 输

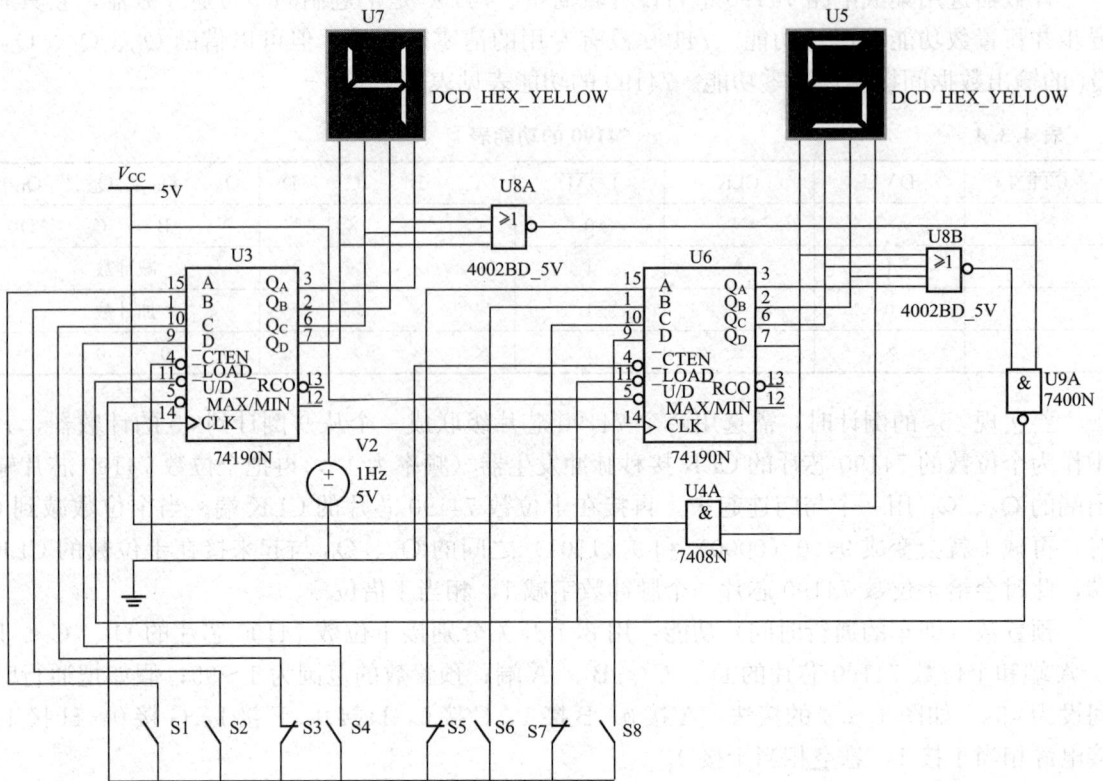

图 4.3.5　倒计时计数器电路

入或非门连起来，再把这两个 4 输入或非门的输出用一个与门连起来。T_5 表示倒计时减到数 "05" 时，给信号灯转换器一个脉冲，使信号灯发生转换，绿灯的绿灯的变为黄灯，红灯不变。接法为：当减到数为 "05"（0000 0101）时，把十位计数器的输出端 Q_A、Q_B、Q_C、Q_D 用一个 4 输入或非门连起来，个位计数器的输出端 Q_B、Q_D 用一个 4 输入与门连接起来。最后将 T_5 和 T_0 两个定时信号用或门连接接入信号灯转换器的时钟端。连接后的电路如图 4.3.6 所示。

（四）黄灯闪烁控制

要求黄灯每秒闪一次，即黄灯 0.5s 秒亮，0.5s 灭，故用一个频率为 1Hz 的脉冲与控制黄灯的输出信号用一个与门连接至黄灯。整个交通灯信号控制器的电路如图 4.3.6 所示。

（五）秒脉冲产生电路

秒脉冲产生电路的功能是产生标准秒脉冲信号，主要由振荡器和分频器组成。振荡器是计时器的核心，振荡器的稳定度和频率的精确度决定了计数器的准确度，可由石英晶体振荡电路或 555 定时器与 RC 组成的多谐振荡器构成。一般来说，振荡器的频率越高，计时的精度就越高，但耗电量将增大，因此在设计时，一定要根据需要设计出最佳电路。石英晶体振荡器具有频率准确、振荡稳定、温度系数小的特点，但如果精度要求不高的时候可以采用 555 构成的多谐振荡器。此部分电路的设计可参照第四章。振荡器产生的时间信号通常频率很高，要使它变成 "秒" 信号，需要用分频器来完成。其功能主要是产生标准的秒脉冲信号，即每一秒产生一个时钟上升沿，频率为 1Hz。分频器的级数和每级的分频次数要根据振荡频率及时基频率来决定。若选用的时基频率为 1kHz，可采用三级 74160 做分频器。74160
是一个十进制加法计数器，其功能表见表 4.3.5。

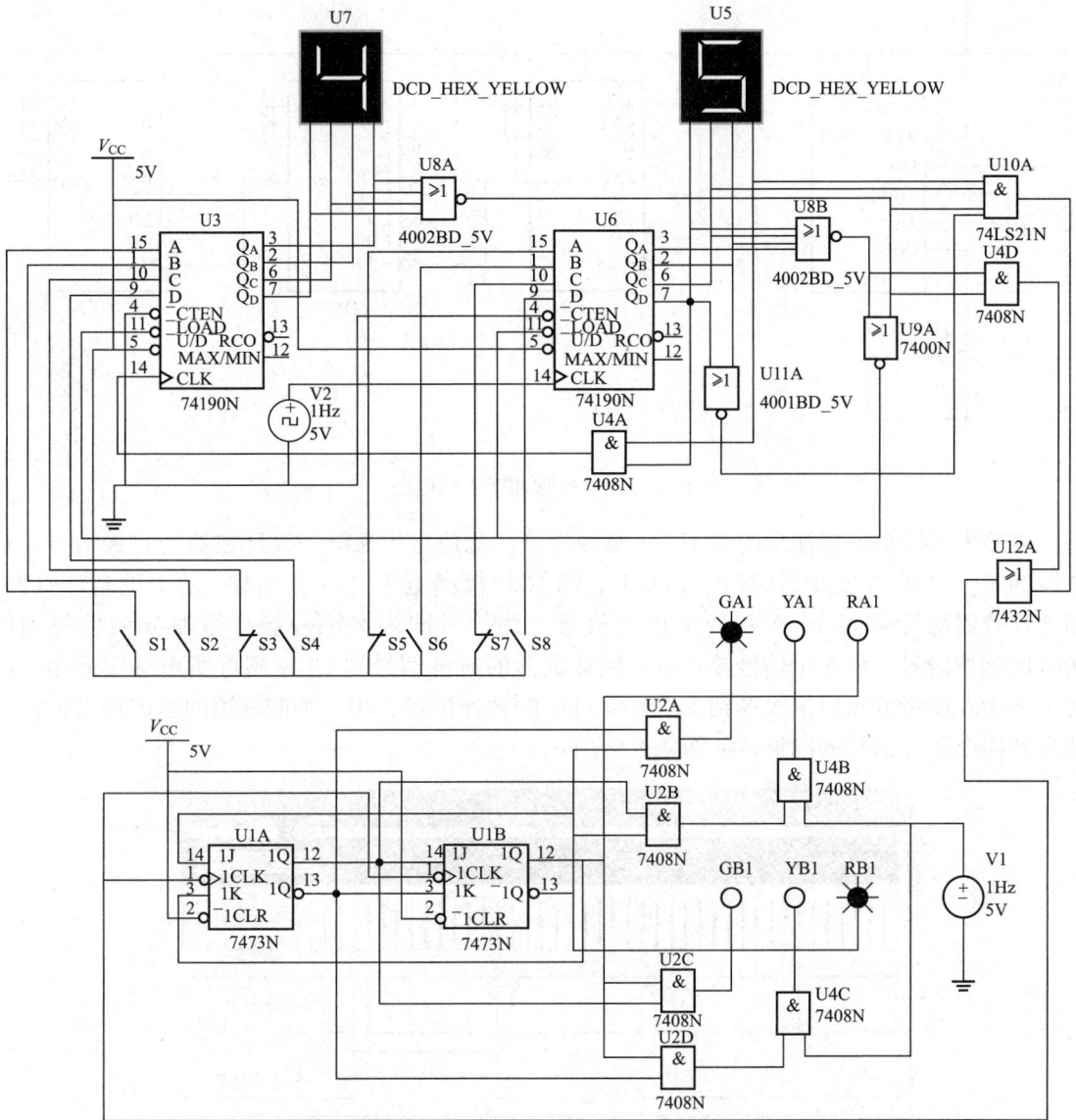

图 4.3.6　交通灯信号控制器电路图

表 4.3.5　　　　　　　　　　　　**74160 的功能表**

$\overline{\text{CLR}}$	$\overline{\text{LOAD}}$	ENP	ENT	CLK	A	B	C	D	Q_A	Q_B	Q_C	Q_D
0	×	×	×	×	×	×	×	×	0	0	0	0
1	0	×	×	↑	×	×	×	×	A	B	C	D
1	1	1	1	↑	×	×	×	×	计数			

此例的秒脉冲产生电路主要由一个 555 定时器和三个十进制计数器 74160 构成。其中，

555 定时器与 RC 组成多谐振荡器，三个计数器 74160 组成分频器。秒脉冲产生的电路如图 4.3.7 所示。

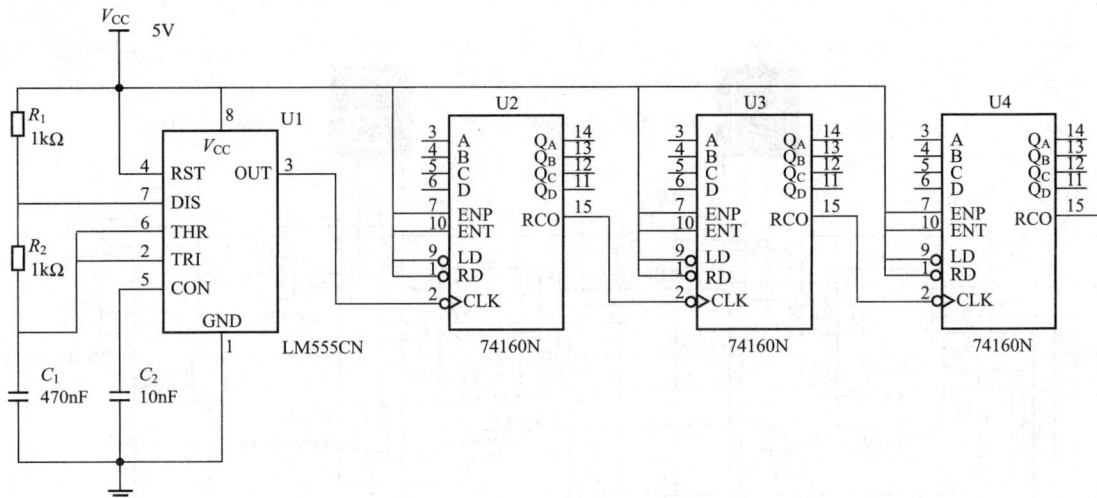

图 4.3.7　秒脉冲产生的电路

电路中多谐振荡器输出的是 1kHz 脉冲信号，此信号作为第一级计数器的时钟信号。计数器的 4 个使能端 ENP、ENT、LOAD、CLR 均接高电平。由于 74160 是十进制计数器，因此计数器每计数满 10 次有一个进位信号，此信号即为经第一级计数器分频后得到的 100Hz 脉冲信号，将这个信号接在下一级计数器的时钟信号端 CLK 则可实现继续分频，经两个 74160 逐级分频后依次得到 10Hz 和 1Hz 的脉冲信号。用一个四通道的示波器可以清楚地看到四个脉冲信号的波形，如图 4.3.8 所示。

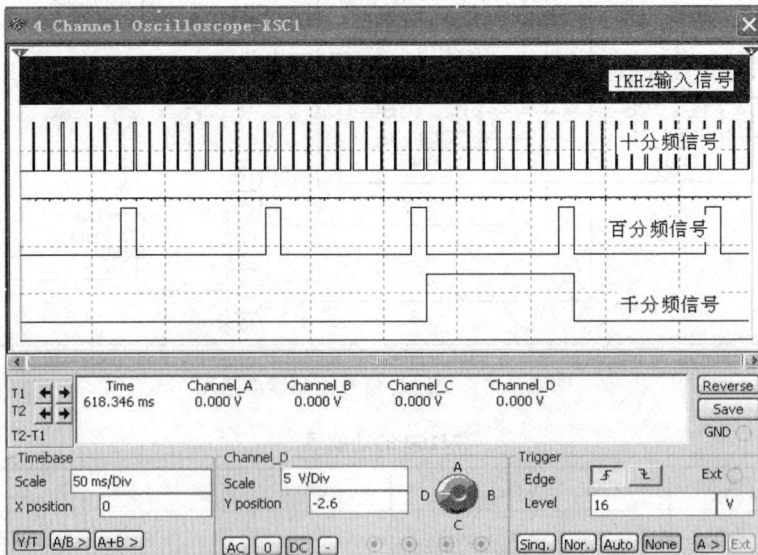

图 4.3.8　千分频秒脉冲信号仿真波形

第三个计数器输出的进位信号即为 1Hz 的秒脉冲信号，将此信号接入交通灯信号控制器，作为倒计时计数器的时钟信号，即可形成一个完整的交通灯信号控制器。

四、电路测试与仿真

（1）单机启动按钮，便可以进行交通信号灯控制系统的仿真，电路默认把通行时间设为 45s，打开开关，东西方向车道的绿灯亮，南北方向车道的红灯亮。时间显示器从预置的 45s 开始，以每秒减 1，减到数"5"时，东西方向车道的绿灯转换为黄灯，而且黄灯每秒闪一次，南北方向车道的红灯都不变。减到数"0"时，1s 后显示器又转换成预置的 45s，东西方向车道的黄灯转换为红灯，南北方向车道的红灯转换为绿灯。减到数"5"时，南北方向车道的绿灯转换为黄灯，而且黄灯每秒闪一次，东西方向车道的红灯不变。如此循环下去。

（2）通过拨动预置时间的开关，可以把通车时间修改为其他的值再进行仿真（时间范围为 1～99s），效果同（1）一样，总开关一打开，东西方向车道的绿灯亮，时间倒计数 5，车灯进行一次转换，到 0s 又进行转换，而且时间重置为预置的数值，如此循环。

五、电路扩展训练

（1）在功能扩展上，可以考虑增加人行道的指示灯。人行道的红绿灯应该与车道的红绿灯是同步的，因此人行道信号灯的控制信号同样可以来自倒计时计数电路。

（2）电路进一步扩展可以考虑使两条车道不一样，分为主干道和匝道，两条车道允许通行时间不一样，这就需要两个倒计时电路来完成，同时需再增加两个数码管来显示通行时间。

4.3.2　基于 multisim 10.0 的数字时钟仿真设计

一、设计目的

（1）综合运用数字电路的知识，掌握数字时钟的设计方法。

（2）掌握计数器、译码器、分频器的设计原理和设计方法。

（3）掌握运用仿真软件 multisim 10.0 设计综合数字电路的方法。

二、设计意义

数字时钟是用数字集成电路构成的、用数码显示的一种现代计时器，与传统机械表相比，它具有走时准确、校时方便、显示直观、无机械传动装置等特点，因而广泛应用于车站、码头、机场、商店等公共场所。在控制系统中，数字时钟也常用来做定时控制的时钟源。

三、设计要求

（1）设计一个具有时、分、秒的十进制数字显示的计时器。

（2）具有手动校时、校分的功能。

（3）通过开关能实现小时的十二进制和二十四进制转换。

（4）具有整点报时的功能。

（5）用 74 系列集成电路设计实现。

（6）电路实现的各功能部分用子电路表示。

四、数字时钟的工作原理

数字时钟由振荡器、分频器、计数器、译码显示、报时等电路组成。其中，振荡器和分频器组成标准秒信号发生器，直接决定计时系统的精度。系统具有时、分、秒的十进制数字显示，因此，应有计数电路分别对"秒脉冲"、"分脉冲"和"时脉冲"计数；由不同进制的计数器、译码器和显示器组成计时系统。将标准秒信号送入采用六十进制的"秒计数器"，每累计 60s 就发出一个"分脉冲"信号，该信号将作为"分计数器"的时钟脉冲。"分计数器"也采用六十进制计数器，每累计 60min，发出一个"时脉冲"信号，该信号将被送到"时计数器"。"时计数器"采用二十四进制或十二进制计数器，可实现对一天 24h 或 10h 的

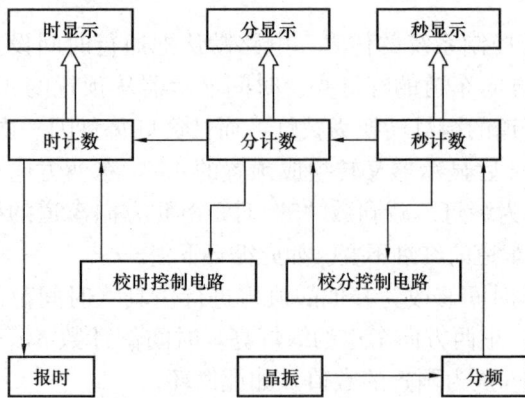

图 4.3.9　数字时钟的原理框图

累计。译码显示电路将"时"、"分"、"秒"计数器的输出状态通过六位七段译码显示器显示出来，可进行整点报时，计时出现误差时，可以用校时电路校时、校分。数字时钟的原理框图如图 4.3.9 所示。

五、单元电路设计

单元电路分为小时计时模块、分钟和秒计时模块、整点译码电路、时钟产生电路、校时电路等。待单元电路设计完成后，将各单元电路进行封装连接得到总体电路，进行总体电路的仿真、调试，最终完成数字时钟的设计。秒脉冲信号经过 6 级计数器，分别得到秒个位、秒十位、分个位、分十位及时个位、时十位的计时。显示 6 位的"时"、"分"、"秒"需要 6 片中规模的计数器。其中，秒计数器和分计数器都是六十进制，时计数器为二十四／十二进制，都选用 74160 来实现。

1. 小时计时电路

小时计时电路如图 4.3.10 所示。

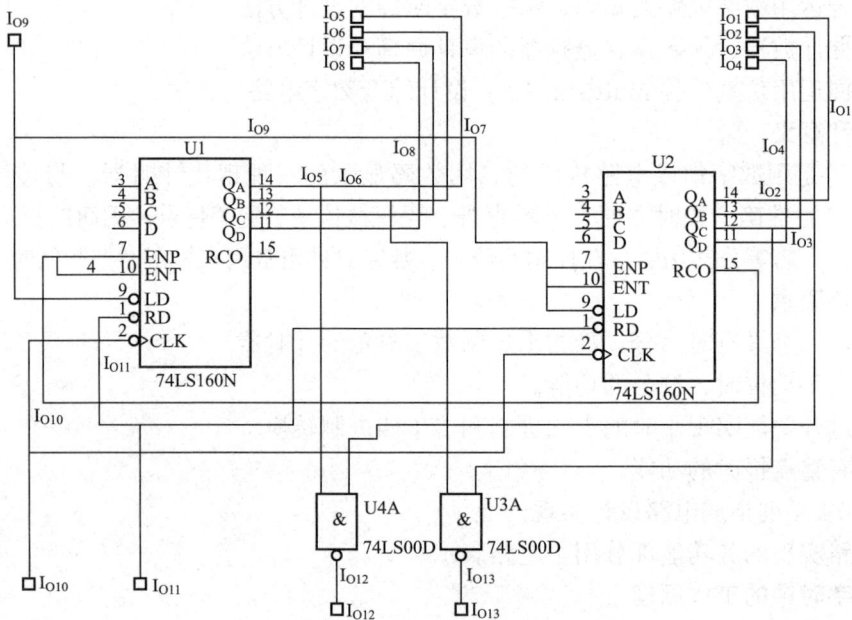

图 4.3.10　小时计时电路

$I_{O1} \sim I_{O4}$ 是个位数码管的显示输出端，$I_{O5} \sim I_{O8}$ 是十位数码管的显示输出端，I_{O9} 接电源，给两个芯片的始能端提供高电平，I_{O10} 接分计数电路提供过来的进位信号。I_{O11} 连接了两个计数器的清零端，因此可以通过双向开关接 I_{O12} 和 I_{O13} 以实现对与非门的选择，从而完成进制的转换。

小时计数电路需要的是一个二十四／十二进制转换的递增计数电路。个位和十位计数器均连接成十进制计数形式，采用同步级联复位方式。将个位计数器的进位输出端 RCO 接至十位计数器的记数使能控制端，完成个位对十位计数器的进位控制。若选择二十四位进制，十位计数器的输出端 Q_B 和个位计数器的输出端 Q_C 通过与非门控制两片计数器的清零端 CLR，当计数器的输出状态为 00100100 时，立即反馈清零，从而实现二十四进制递增计数。若选择十二进制，十位计数器的输出端 Q_A 和个位计数器的输出端 Q_B 通过与非门控制两片计数器的清零端 CLR，当计数器的输出状态为 00010010 时，立即反馈清零，从而实现十二进制递增计数。两个与非门通过一个双向开关接至两片计数器的清零端 CLR，单击开关就可选择与非门输出，实现二十四进制或十二进制递增计数的转换。

2. 分钟和秒计时电路

分钟和秒计时电路如图 4.3.11 所示。

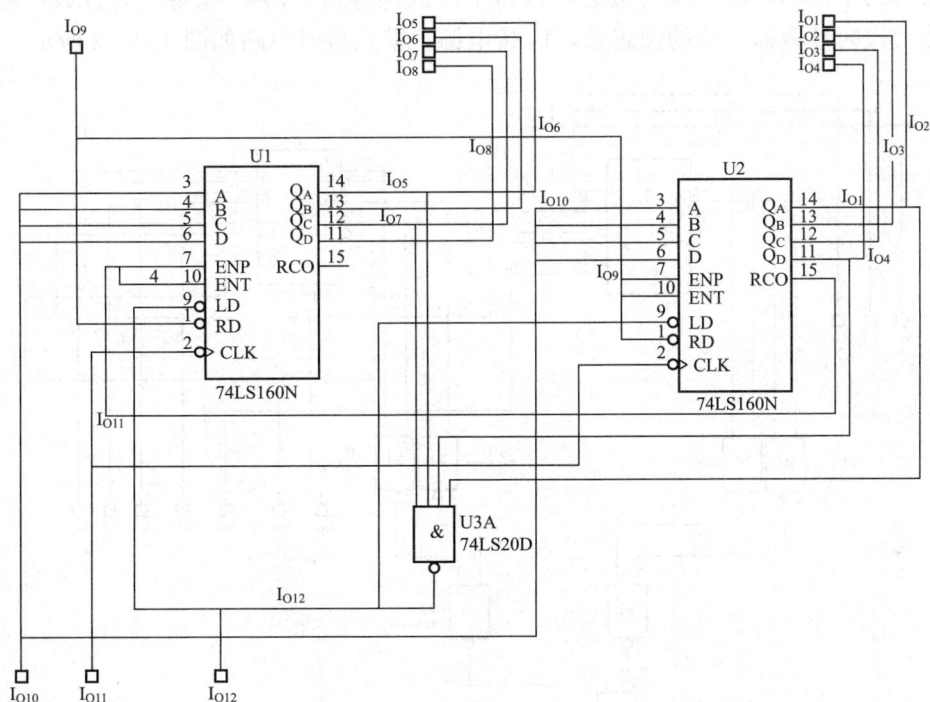

图 4.3.11　分钟和秒计时电路

分钟和秒计时电路相同，该电路用两片 74LS160 构成六十进制计数器，与非门 74LS20 组成译码电路，该译码电路能识别 59（即对代码 59 的特征进行译码）。整个计数器的记数状态为 00→01→02→…→58→59→00→…，共有 60 个稳定状态。十位计数器的 Q_A 与 Q_C 和个位计数器的 Q_A 与 Q_D 经过与非门输出至置数端 LOAD，接成 60 进制记数形式（记数至 59 时置数为 0），个位与十位计数器之间采用同步级联方式，将个位计数器的进位输出端 RCO 接至十位计数器的记数使能控制端（EP 和 ET），完成个位对十位计数器的进位控制。

将个位和十位计数器的反馈置数信号经非门输出，作为六十进制的进位输出脉冲信号，即当计数器计数至 60 时，反馈置数的低电平信号输入 LOAD 端，同时经非门变为高电平，在同步级联方式下，控制高位计数器的计数。I_{O1}～I_{O4} 是个位数码管的显示输出端，I_{O5}～I_{O8} 是十位数码管的显示输出端，I_{O9} 接电源，给两个芯片的始能端提供高电平，I_{O10} 接地，给两个芯片提供低电平。I_{O11} 在此电路作为秒计数电路时接秒信号产生电路，作分计数电路时接秒计数电路提供过来的进位信号（即接至秒计数器的 LOAD 端）。I_{O12} 作为低计数器的进位输出，与高位计数器的时钟信号端相连。

3. 整点报时电路

整点报时电路由零译码电路、报时计数电路、停止报时控制电路组成。零作为数字量来说是一个代码，用门电路组成的译码电路可识别该代码。报时计数电路由两片 74LS192 组成，将各位计数器的借位端 BO 接至十位计数器的减记数控制端 DOWN。在分进位信号的触发下，两片计数器被置当前小时数，并开始进行减计数。当减至零时，零译码电路输出一个低电平来关闭使蜂鸣器工作的与门，从而停止报时。同时，在减计数过程中，与门的输出反馈到报时计数电路的脉冲输入端，完成蜂鸣器响一下计数器减正好减 1，直至减完整点点数。$I_{O1} \sim I_{O4}$ 将小时计数器的个位输出引入作为报时计数器个位的预置数，$I_{O5} \sim I_{O8}$ 将小时计数器的十位输入引入作为报时计数器十位的预置数，I_{O9} 接电源。整点报时电路如图 4.3.12 所示。

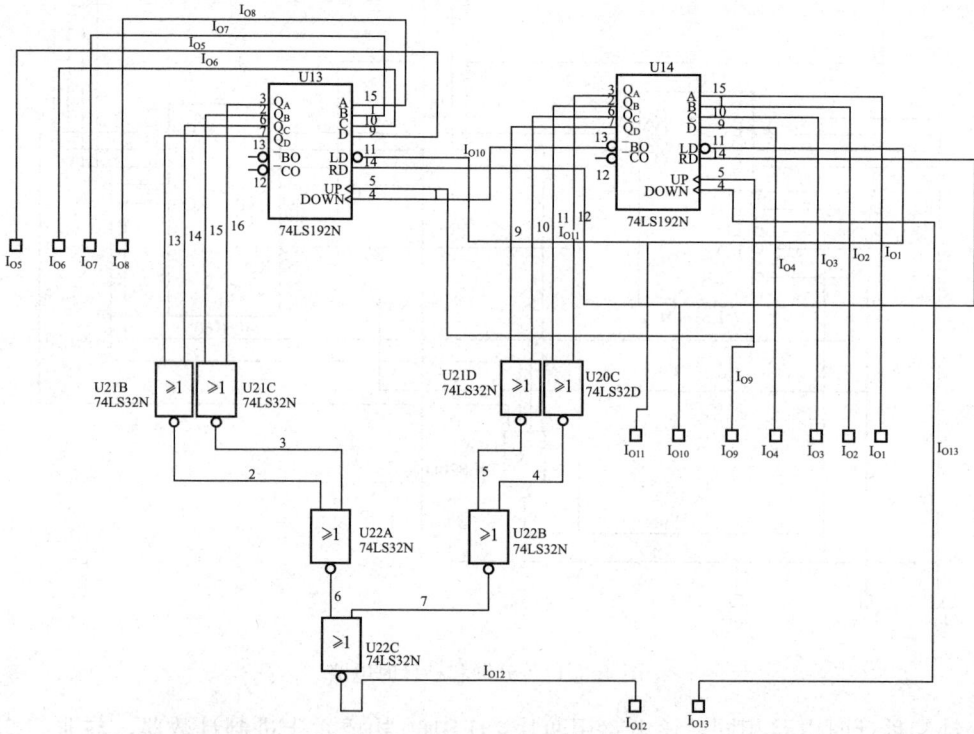

图 4.3.12　正点报时电路

4. 时钟信号电路

时钟脉冲产生电路在此例中的主要功能有两个，一是产生标准 1Hz 秒脉冲信号用于计时以及提供整点报时所需要的频率信号，二是产生用于校时的 2Hz 时钟。此部分电路的设计可以采用由高稳定的晶体振荡器来产生高频率的时钟脉冲，再使用分频电路来得到 1Hz 和 2Hz 的时钟脉冲信号。这里为了简化电路，秒脉冲产生电路脉冲时钟信号源替代，如图 4.3.13 所示。

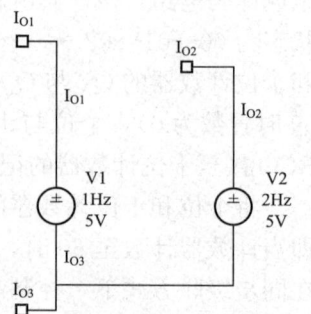

图 4.3.13　时钟信号简化电路

六、总电路设计

上述子电路创建完成后，最后则是建立一个总电路，步骤如下。

（1）新建一个空白的电路设计界面，作为总电路。将已经创建的子电路生成模块放入总电路中。具体做法：执行主菜单"place"下的"Hierarchical Block from File…"命令，选择要创建的模块电路，如图 4.3.14 以及图 4.3.15 所示。

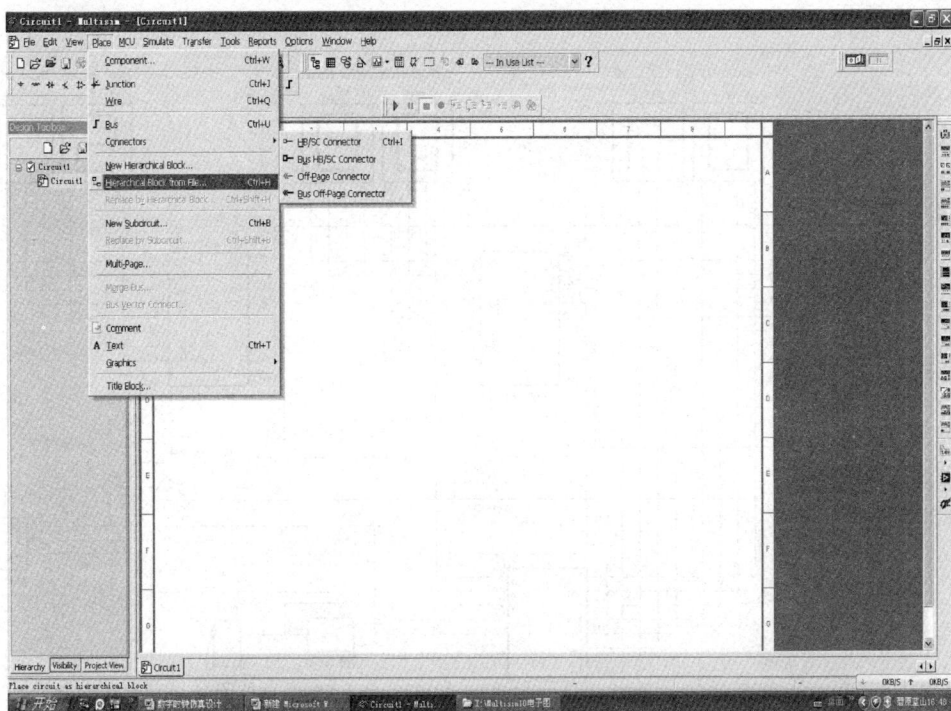

图 4.3.14　新建电路设计界面

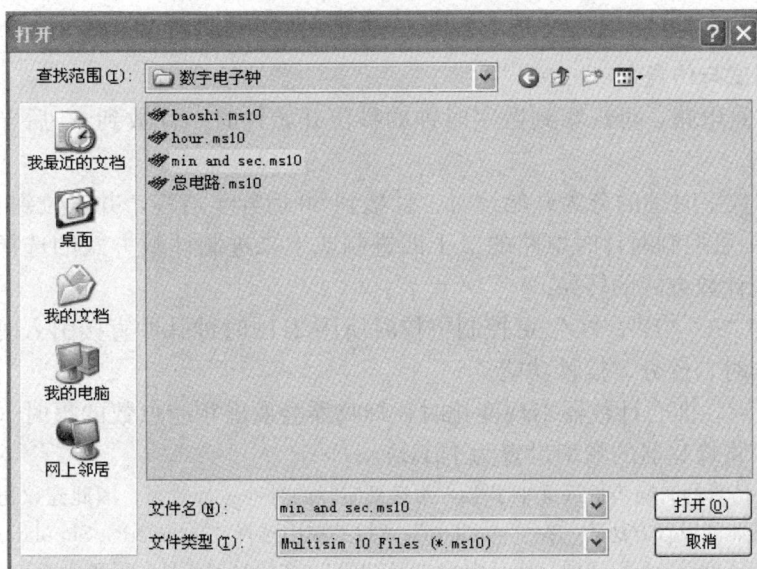

图 4.3.15　选择要创建的模块电路

（2）将有一个子模块符号进入总电路图中，在模块符号上单击右键，在菜单中选择"Edit Symbol/Title Block"可以进入模块符号的属性设置界面。修改完成后保存退出。

（3）按上述方法依次创建分和秒的六十进制计数电路、二十四／十二进制的时计数电路、报时电路4个模块符号，并且加入6个数码管、3个双向开关、1个秒脉冲时钟信号源（V1：1Hz）、1个与门、1个蜂鸣器及电源和地，完成总电路的连接，得到的总电路如图4.3.16所示。

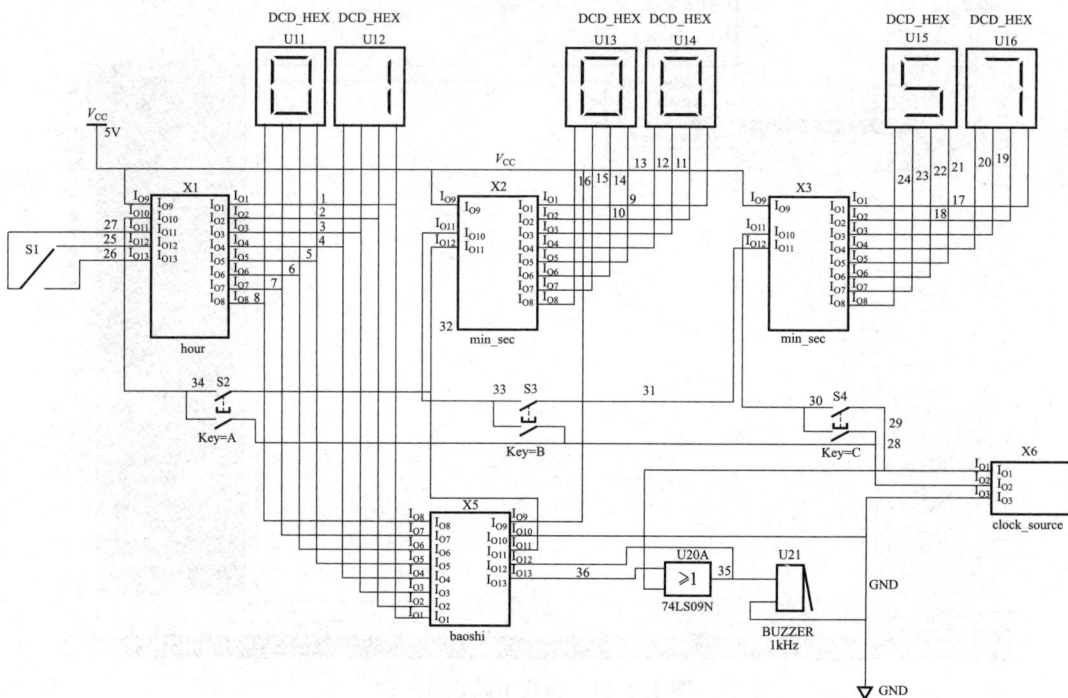

图 4.3.16　数字钟总电路图

七、电路测试与仿真

（1）启动仿真电路，可观察到数字时钟的秒位开始计时，计数到60后异步清零，并进位到分计时电路。

（2）观察到数字时钟的分为开始计时，计数到60后异步清零，并进位到时计时电路。

（3）开关S1可控制时计时电路的二十四进制或十二进制计数方式的选择。单击控制键"空格"，可实现计数方式的转换。

（4）控制键"A""B"、"C"可控制将校时所用2Hz时钟脉冲直接引入时、分、秒计数器，从而实现校时、校分、校秒功能。

（5）出现整点，即时计数器出现变化时，蜂鸣器会发出相应点数的报时（为得到短促响亮的声响，一般将蜂鸣器的频率设置为1kHz）。

注：由于软件仿真的时间步长远远小于1s，为达到实际的时钟运行效果，因此建议仿真时先将仿真的步长设置为1s。具体的设置方法为：在"simulate"下拉菜单中选择"Interactive Simulation Settings…"选项，勾选"set initial time step"选项，将其中的"TSTEP"（初始时间步长）设置为1s。

第5章 常用仪器设备的简介与使用

5.1 TPE-AD电子技术学习机

TPE-AD电子技术学习机可完成《模拟电子技术基础》《数字电子技术基础》课程要求的基本实验。具有模拟/数字综合实验及实用电路的开发实验、元器件测试等多种功能。

该学习机采用独特的两用板工艺,正面贴膜,印有原理图及符号;反面为印制导线,焊有相应元器件。使用直观、可靠、维修方便、简捷。

一、技术性能

1. 电源

输入:AC,220V、50Hz。

输出:①DC,±5V～±12V连续可调,电流0.2A(供模拟电路实验用);②DC,+5V,电流1A(供数字电路实验用)。

以上各路直流电源均有过流保护,自动恢复功能。

2. 信号源

(1) 正弦波信号。

1) 频率:分四个点频,即$f \times 1$、$f \times 10$、$f \times 100$、$f \times 1000$(注:$f \times 1$代表100Hz)。

2) 幅度:0～4V(V_{P-P})连续可调。

(2) 直流信号:双路±5V、±0.5V,两挡连续可调。

(3) 脉冲信号。

1) 单脉冲:无抖动正负单脉冲输出,TTL电平。

2) 连续脉冲:固定脉冲4路,分别为80、40、20、10kHz。

3) 可调脉冲:频率范围1Hz～5kHz(分两挡),TTL电平。

3. 开关和逻辑电平显示

(1) 逻辑电平开关:8个。

(2) LED电平显示:8位。

4. LED数码管

2位(不带BCD译码)。

5. 电位器组

4只独立电位器:1、22、100、680kΩ。

6. 模拟电路实验区

由单管、双管、差动放大器、负反馈放大器、集成运放及整流、滤波、稳压等电路组成。

7. 插件板

面包板2块。

二、电路组成

TPE-AD学习机主要由电源、信号源、电位器组、线路区等几部分组成。其面板图如图5.1.1所示,模拟实验线路区和数字实验线路区电路示意图如图5.1.2和图5.1.3所示。

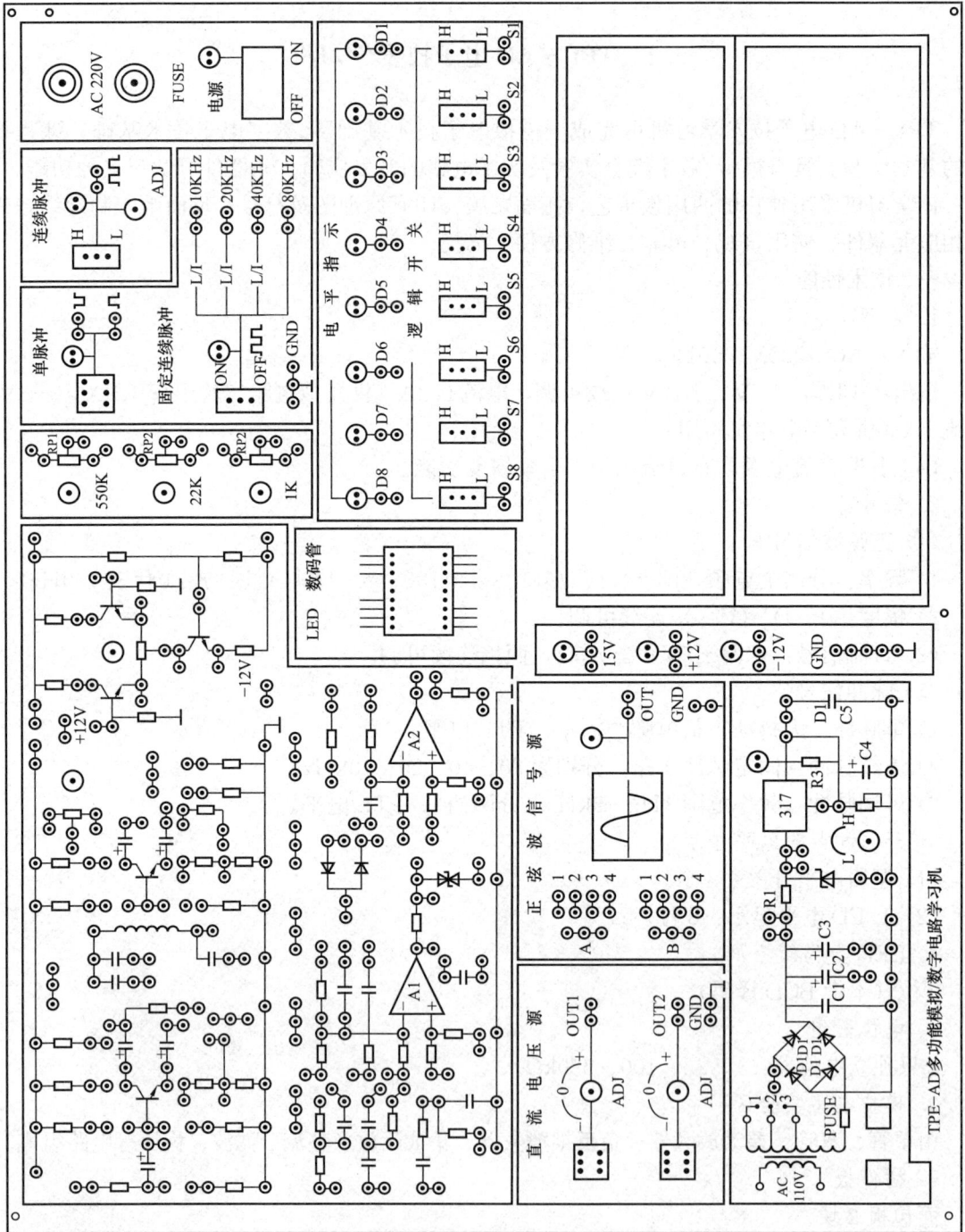

图 5.1.1　TPE－AD 学习机面版图

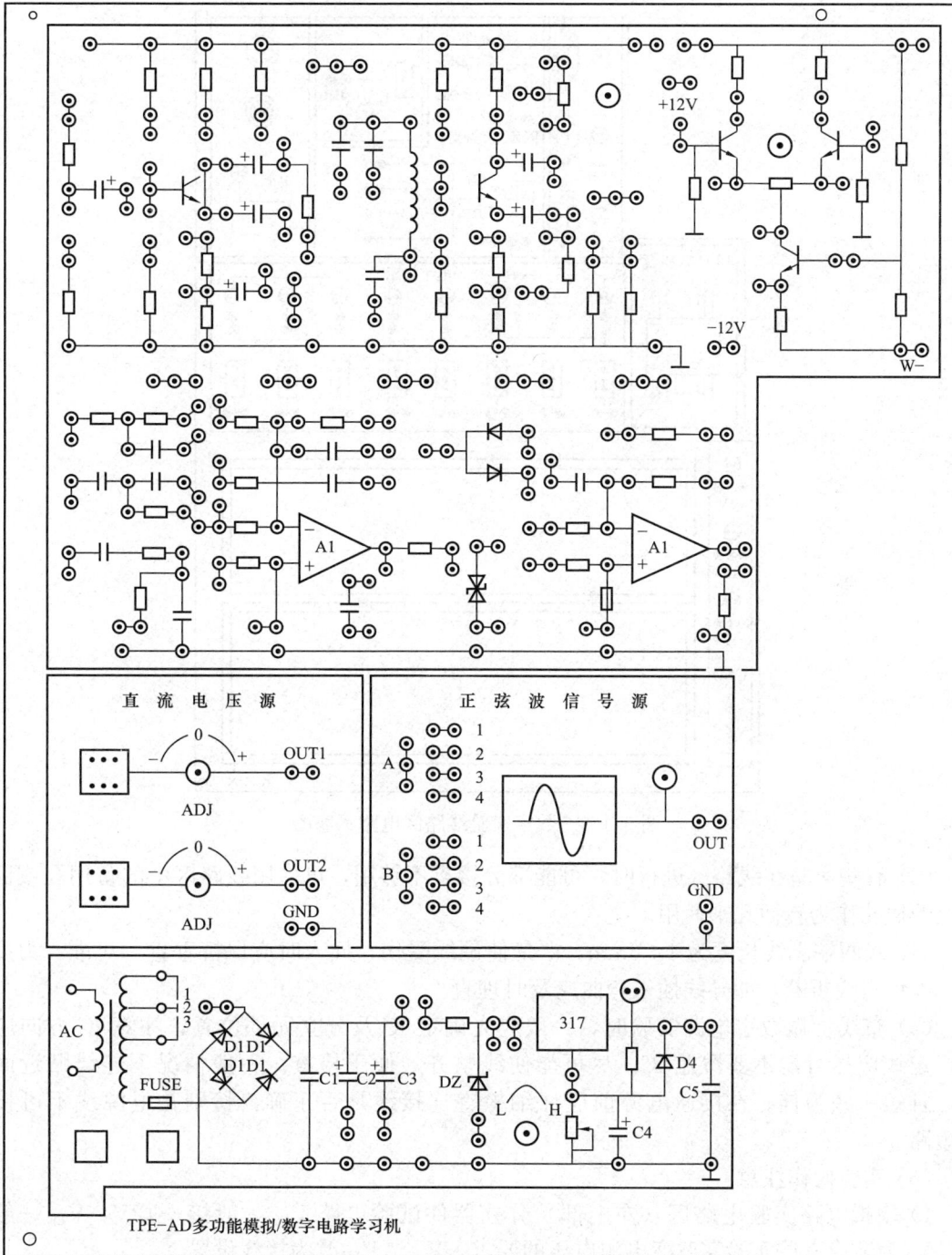

图 5.1.2 模拟实验线路区示意图

三、使用方法

（1）将标有 220V 的电源线插入市电插座，接通学习机开关，三路直流电源指示灯点亮，表示学习机电源工作正常。

（2）连接线：学习机面板上及面包板上的插孔应使用直径 $\phi0.5\text{mm}$ 的单股塑料线，注意不要插入直径大于 $\phi0.6\text{mm}$ 的导线和元器件引线。

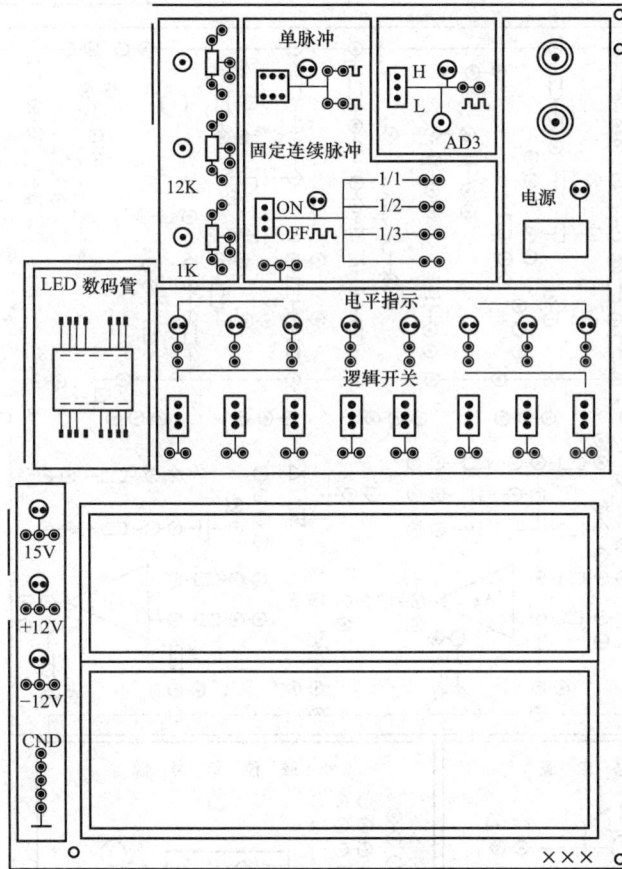

图 5.1.3　数字实验线路区电路示意图

（3）有些实验在线路区进行时，可能部分接点不够用，可借用线路区中的备用孔或面包板上的插孔作为转插孔来使用。

（4）线两端剥线长度为 4～6mm，严禁使硬线受伤，插入时应保持垂直、对准、力度适当，以免将线折断，如导线插入弯曲应及时理直。

（5）布线：做数字电路实验时，一般应先确定 IC 及分立元件位置，注意 IC 方向应一致。走线应尽可能不要覆盖 IC，尽可能使线整齐，便于检查。一般情况下连线贴近面包板，且短一些为佳。在接通电源前应仔细检查连接线是否正确，特别是电源线不可接错或短路。

（6）实验操作注意：

1）模拟电路实验电路区（左上部）分立器件试验电路 V_{CC} 一般接 $+12V$，V_{EE} 一般接 $-12V$，为适应有些实验需改变电源电压的要求，V_{CC}、V_{EE} 改为接线设置。

2）运算放大器实验电路已接 $±12V$ 电源。

3）左下角电源实验区为双重用途，不做电源实验时只要接通 2-4，7-8，9-12（见实验箱面板）即可作为 1.2～15V（0.2A）可调电源使用。

四、维护及故障排除

1. 维护

（1）防止撞击跌落。

（2）用完后拔下电源插头并关闭机箱，防止灰尘、杂物进入机箱。

（3）做完实验后要将线路及面包板上的插件及连线全部整理好。

（4）高温季节使用时连续通电不要超过 4h。

（5）一般在搭接级线路时不要通电，以防误操作损坏元器件。

2. 故障排除

（1）电源无输出：学习机电源初级接有 0.5A 熔断管（在实验箱的右上角）。当输出短路或过载时有可能烧断，更换熔断管时，必须保证同规格。

（2）信号源、电平开关、电平显示部分异常（不符合电平状态或无输出等），检查实验板接线或更换相应器件。

（3）修理学习机时严禁带电操作。

5.2　HH4310 双踪示波器

HH4310（C5020）型示波器是一种双通道示波器。

一、主要技术指标

（1）带宽：20MHz。

（2）垂直偏转因数：5mV/cm～5V/cm，按 1-2-5 顺序分十挡，扩展×5：1mV/cm～1V/cm。误差：≤±5%。扩展×5 时，误差：≤±10%。

（3）扫描时间因数：0.2μs/cm～0.5s/cm，按 1-2-5 顺序分二十挡，扩展×10。误差：≤±5%。扩展×10 时，误差：≤±15%。

（4）输入阻抗：1MΩ。

（5）最大输入电压：400V（DC＋ACp-p）。

二、HH4310 面板结构

HH4310 面板结构如图 5.2.1 所示，图中各标注说明如下所述。

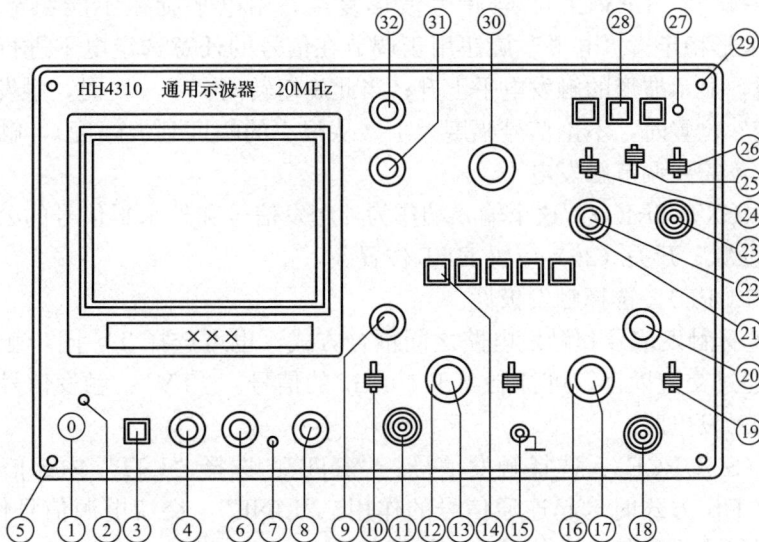

图 5.2.1　HH4310 面板结构

① 校准信号 [CAL (V_{P-P})]：该输出端供给频率为 1kHz，校准电压为 $0.5V_{P-P}$ 正方波，输出阻抗约为 500Ω。

② 电源指示灯。

③ 电源开关（POWER）：示波器的主电源开关。当此开关按下时，开关上方的指示灯亮，表示电源已接通。

④ 辉度（INTEN）：控制光点和扫描线的亮度。

⑥ 聚焦（FOCUS）：将扫描线聚成最清晰。

⑤、⑦、㉙ 光迹旋转（TRACE ROIATION）：用于调整光迹扫描线，使之平行于刻度线。

⑧ 标尺亮度（ILLUM）：调节刻度照明的亮度。

⑨、⑳（POSITION）：调节扫描线或光点垂直位移。

⑩、⑲（AC-⊥-DC）：输入信号与垂直放大器连接方式选择开关。"AC"为交流耦合；"⊥"为输入信号与放大器断开，同时放大器输入端接地；"DC"为直流耦合。

⑪ Y1 垂直输入端，在 X-Y 工作时作为 Y 轴输入端。

⑫、⑯（V/cm）：灵敏度选择开关，从 5mV/cm～5V/cm 共分 10 挡，用于选择垂直偏转因数。

⑬、⑰（VARIABLE）：灵敏度微调。"拉×5"可调节至面板指示值的 2.5 倍以上；当置"校准"位置时，灵敏度为面板指示值，该旋钮被拉出（×5 扩展状态）时，灵敏度为面板指示值的 1/5。

⑭ Y 方式（VERT MODE）：选择垂直系统的工作式。CHI：Y1 单独工作。ALT：Y1 和 Y2 交替工作。CHOP：以频率为 250kHz 的速度轮流显示 Y1 和 Y2，适用低扫速。ADD：测量代数和 Y1＋Y2。CH2：Y2 单独工作。

⑮ 示波器外壳接地端。

⑱ Y2 的垂直输入端。[Y2（X）]：在 X-Y 工作时为 X 轴输入端。

㉑ 释抑（HOLD OFE）：此双联控制旋钮为释抑时间调节。

㉒ 触发电平调节（LEVEL）：当信号波形复杂，用电平旋钮不能稳定触发时，可用"释抑"旋钮使波形稳定。"电平"旋钮用于调节在信号的任意选定电平进行触发。当旋钮转向"→＋"时，显示波形的触发电平上升；当此旋钮转向"→－"时，触发电平下降。当此旋钮置"锁定"位置时，不论信号幅度大小（从很小的幅度到大幅度），触发电平自动保持在最佳状态，不需要调节触发电平。

㉓ 外触发（EXT TRIG）：这个输入端作为外触发信号和外水平信号的公用输入端，用此输入时，"触发源"开关（26）应置 EXT 位置。

㉔ 极性（SLOPE）：选择触发极性。

㉕ 耦合：选择触发信号和触发电路之间耦合方式，也可选择 TV 同步触发电路的连接方式。"AC"：通过交流耦合，可抑制高于 50kHz 的信号。"TV"：触发信号通过电视同步分离电路连接到触发电路。

㉖ 触发源（SOURCE）：选择触发信号。"INT"：选择"INT"内部信号作为触发信号，当置 X-Y 工作方式时，起连通信号的作用。"LINE"：交流电源信号作为触发信号。"EXT"：外触发输入端㉓的输入信号作为触发信号。

㉗ "准备好"指示灯，用于单次扫描。

㉘ 扫描方式选择（SWEEP MODE）。"AUTO"：自动，当无触发信号加入，或触发信号频率低于 50Hz 时，扫描为自激方式。"NORM"：常态，当无触发信号加入时，扫描处于准备状态，没有扫描线，主要用于观察低于 50Hz 的信号。"SINGLE"：单次扫描启动，此按钮按下时㉗指示灯亮，单次扫描结束，灯熄灭。

㉚ 扫描速率开关（TIME/DIV）"t/cm"：选择扫描时间因数。

㉛ 扫描速率开关微调（VARIABLE）。

㉜ 位移（POSTION）"← →"：调节扫描线或光点的水平位置。

三、基本操作

将电源线插入交流电源插座之前，按表 5.2.1 设置仪器的开关及控制旋钮（或按键）。

表 5.2.1　　　　　　　　　仪器的开关及控制旋钮设置

项目	代号	位置设置
电源	③	断开位置
辉度	④	相当于时钟"3 点"位置
聚焦	⑥	中间位置
标尺亮度	⑧	逆时针旋到底
Y 方式	㊺	Y1
↓ ↑位移	⑨　⑳	中间位置，推进去
V/cm	⑫　⑯	10mV/cm
微调	⑬　⑰	校准（顺时针旋到底）推进去
AC-⊥-DC	⑩　⑲	AC
内触发	㊺	Y1
触发源	㉖	内
耦合	㉕	AC
极性	㉔	＋
电平	㉒	锁定（逆时针旋到底）
释抑	㉑	常态（逆时针旋到底）
扫描方式	㉘	自动
t/cm	㉚	0.5ms/cm
微调	㉛	校准（顺时针旋到底）推进去
←→位移	㉜	中间位置

5.3　MOS-620 20MHz 双踪示波器使用说明

一、简介

MOS-620XX 系列双踪示波器，最大灵敏度为 1mV/div，最大扫描速度为 0.2μs/div，并可扩展 10 倍使扫描速度达到 20ns/div。该示波器采用 6 英寸并带有刻度的矩形 CRT，操作简单，稳定可靠。

其技术特性如下。

（1）高亮度及高加速极电压的 CRT。这种示波管速度快，亮度高，加速极电压为 2kV，使在高速扫描的情况下也能显示清晰的轨迹。

（2）触发电平功能锁定功能。将触发电平一固定值上，当输入信号幅度，频率变化时无需再调整触发电平及可获得稳定波形。

（3）交替触发功能可以观察两个频率不同的信号波形。

（4）电视信号同步功能。该示波器具有同步信号分离电路可保持与电视场信号和行信号的同步。

（5）CH1 输出。在后面板上的 50Ω 输出信号可以直接驱动频率计或其他仪器。

（6）Z 轴输入。亮度调制功能可以给示波器加入频率或时间标识，正弦信号轨迹消隐，TTL 匹配。

（7）当设定在 $X—Y$ 操作。当设定在 $X—Y$ 位置时，该仪器可作为 $X—Y$ 示波器，CH1 为水平轴，CH2 为垂直轴。

二、基本操作

MOS-620XX 系列双踪示波器的面板图如图 5.3.1 所示。

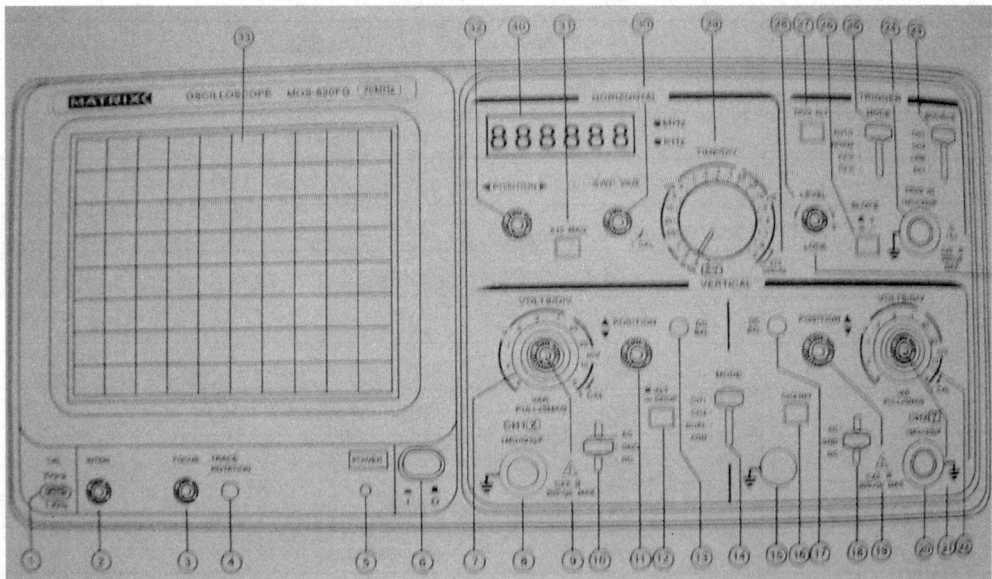

图 5.3.1　MOS-620XX 系列双踪示波器的面板图

1. 单通道的操作

接通电源前务必先检查电压是否与当地电网一致，然后交有关控制元件按表 5.3.1 设置。

将开关和控制部分按以上设置后，接上电源线，继续以下操作。

（1）电源接通，电源指示灯亮，约 20s 后，屏幕出现光迹。如果 60s 后还没有出现光迹，请重新检查开关和控制旋钮的设置。

（2）分别调节亮度，聚焦，使光迹亮度适中，清晰。

表 5. 3. 1　　　　　　　　　　　　　　仪器的控制元件设置

功　　能	序　　号		设　　置
电源（POWER）	6)		关
亮度（INTEN）	2)		居中
聚焦（FOCUS）	3)		居中
垂直方式（VERT MODE）	4)		通道 1
交替/断续（ALT/CHOP）	12)		释放（ALT）
通道 2 反向（CH2 INV）	16)		释放
垂直位置（▲▼POITION）	11)	19)	居中
垂直衰减（VOLTS/DIV）	7)	22)	0.5/DIV
调节（VARIABLE）	9)	21)	CAL（校正位置）
AC‐GND‐DC	10)	18)	GND
触发源（Source）	23)		通道 1
极性（SLOPE）	26)		＋
触发交替选择（TRIG. ALT）	27)		释放
触发方式 TRIGGER MODE	25)		自动
扫描时间（TIME/DIV）	29)		0.5mSec/DIV
微调（SWP. VRE）	30)		校正位置
水平位置（◀▶POSITION）	32)		居中
扫描扩展（X10 MAG）	31)		释放

（3）调节通道 1 位移旋钮与轨迹旋转电位器，使光迹与水平刻度平行（用螺丝刀调节迹旋转电位器 4）。

（4）用 10∶1 探头将校正信号输入至 CH1 输入端。

（5）将 AC‐GND‐DC 开关设置在 AC 状态。

（6）调聚焦使图形清晰。

（7）对于其他信号的观察，可通过调整垂直衰减开关，扫描时间到所需的位置，从而得到清晰的图形。

（8）调整垂直和水平位移旋钮，使得波形的幅度与时间容易读出。

以上为示波器最基本的操作，通道 2 的操作与通道 1 的操作相同。

2. 双通道的操作

改变垂直方式到 DUAL 状态，于是通道 2 的光迹与会出现在屏幕上（与 CH1 相同）。这时通道 1 显示一个方波（来自校正信号输出的波形），而通道 2 则仅显示一个直线，因为没有信号接到该通道。现在将校正信号接到 CH2 的输入端与 CH1 一致，将 AC‐GND‐DC 开关设置到 AC 状态，调整垂直位置 11) 和 19) 是两通道的波形，释放 ALT/CHOP 开关，（置于 ALT 方式），CH1 与 CH2 上的信号以 250kHz 的速度独立的显示在屏上，此设定用于观察扫描时间较长的两路信号。在进行双通道操作时（DUAL 或加减方式），必须通过触发信号源的开关来选择通道 1 或通道 2 的信号作为触发信号。如果 CH1 与 CH2 的信号同步，两个波形都会稳定显示出来。反之，则仅有触发信号源的信号可以稳定地显示出来；如果 TRIG/ALT 开关按下，则两个波形都会同时稳定地显示出来。

3. 加减操作

通过设置"垂直方式开关"到"加"的状态，可以显示 CH1 与 CH2 信号的代数和，如果 CH2 INV 开关别按下则为代数减。为了得到加减的精确值，两个通道的衰减设置必须一致。垂直位置可以通过"▲▼位置键"来调整。鉴于垂直放大器的线性变化，最好将改旋钮设置的中间位置。

4. 触发源的选择

正确地选择触发源对于有效地使用示波器是至关重要的，用户必须十分熟悉触发源的选择功能及工作次序。

(1) MODE 开关（见图 5.3.2）。

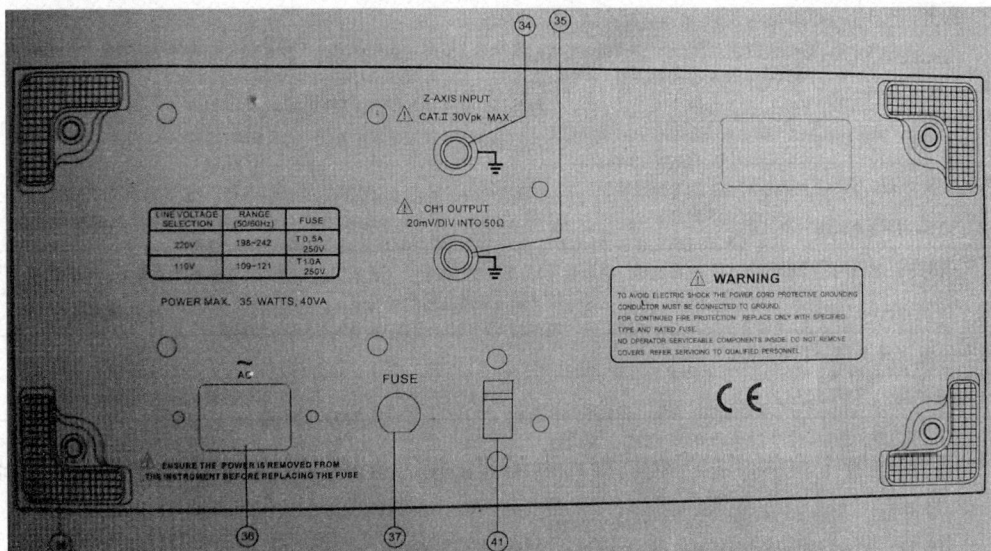

图 5.3.2　MODE 开关示意图

1) AUTO。当为自动模式时，扫描发生器自由产生一个没有触发信号的扫描信号；当有触发信号时，它会自动转换到触发扫描，通常第一次观察一个波形时，将其设置与"AUTO"，当一个稳定的波形被观察到以后，在调整其他设置。当其他控制部分设定好以后，通常将开关设回到"NORM"触发方式，因为该方式更加灵敏，当测量直流信号或更小信号时必须采用"AUTO"方式。

2) NORN：常态。通常扫描器保持在静止状态，屏幕上无光迹现实。当触发信号经过由"触发电平开关"设置的阀门电平时，扫描一次。之后扫描器又回到静止状态，直到下一次被触发。在双踪显示"ALT"与"NORM"扫描时，除非通道 1 与通道 2 都有足够的触发电平，否则不会显示。

3) TV-V：电视行。当需要观察一个整场的电视信号时，将 MODE 开关设置到 TV-V，对电视信号的场信号进行同步，扫描时间通常设定到 2ms/div（一桢信号）或 5ms/div（一场两桢隔行扫描信号）。

4) TV-H：电视行。对电视信号的行信号进行同步，扫描时间通常为 10us/div 显示几行信号波形，可以用微调旋钮调节，扫描时间到需要的行数。送入示波器的同步信号必须是负极的。

（2）触发信号源的功能。为了在屏幕上显示一个稳定的波形，需要给触发电路提供一个与显示信号在时间上有关连的信号，触发源开关就是来选择该触发信号的。

1）CH1/CH2：大部分情况下采用的内触发模式。送到垂直输入端的信号在预放以前分一支到触发电路中。由于触发信号就是测试信号本身，因此显示屏上会出现一个稳定的波形。在 DUAL 或 ADD 方式下，触发信号由触发源开关来选择。

2）LINE：用交流电源的频率作为触发信号。这种方法对于测量与电源频率有关的信号十分有效，如音响设备的交流噪音，可控硅电路等。

3）EXT：用外来信号驱动扫描触发电路。该外来信号因与要测的信号有一定的时间关系，波形可以更加独立地显示出来。

（3）触发电平和极性开关。当触发信号通过一个预置的阀门电平时会产生一个触发信号。调整处罚电平旋钮可以改变该电平，向"＋"方向时，阀门电平向正方向移动。向"－"方向时，阀门电平向负方向移动，当在中间位置时，阀门电平设定在信号的平均值上。触发电平可以调节扫描起点在波形的任意位置上。对于正旋信号，起始相位是可变的。注意：如果触发电平的调节过正或过负，也不会产生扫描信号，因为这是触发电平已经超过了同步信号的幅值。

极性触发开关设置在"＋"时，上升沿极性触发开关设置在"－"时，下降沿触发。

触发电平锁定：顺时针调节触发电平旋钮（28）到底，听到"咔嚓"一声后，触发电平被锁定在一固定值，此时改变信号幅度，频率不需要调整。

（4）触发交替开关。当垂直方式选定在双踪显示时，该开关用于交替触发和交替显示（适用与 CH1，CH2，或相加方式）。在交替方式下，每一个扫描周期，触发信号交替一次，这种方式有利于波形幅度、周期的测试，甚至可以观察两个在频率上并无联系的波形。但不适合二相位和时间对比的测量。对于此测量，两个通道必须采用同一步信号触发。在双踪显示时，如果"CHOP"和"TRIG，ALT"同时按下，则不能同步显示，因为"CHOP"信号成为触发信号。请使用"ALT"方式或直接选择 CH1 或 CH2 作为触发信号源。

5. 扫描速度控制

调节扫描速度旋钮，可以选择想要观察的波形个数。如果屏幕上显示的波形过多，则调节扫描时间更快一些；如果屏幕只有一个周期的波形，则可以减慢扫描时间。当扫描速度太快时，屏幕上只能观察到周期信号的一部分，如对于一个方波信号可能在屏幕上显示的只是一条直线。

6. 扫描扩

当需要观察一个波形的一部分时，通常需要很高的扫描速度，但是如果想要观察的部分远离扫描的起点，则要观察的波形可能已经出到屏幕外。这时就需要使用扫描扩展开关。当扫描扩展开关按下后。显示的范围会扩展 10 倍。这时的扫描速度是："扫描速度开关"上的值）×1/10，如 usec/divsk 可以扩展到 100nsec/div。

7. X—Y 操作

将扫描速度开关设定在 X—Y 位置时，示波器工作方式为 X—Y。

X—轴：CH1 输入。Y—轴：CH2 输入。注意：当高频信号在 X—Y 方式时，应注意 X 与 Y 轴的频率、相位上的不同。

X—Y 方式允许示波器进行常规示波器所不能做的很多测试。CRT 可以显示一个电子图形或两个瞬时的电平。它可以是两个电平趋势的比较，就像向量示波器显示视频彩条图形。如果使用一个传感器将有关参数（频率、温度、速度等）转换成电压，X—Y 方式就可以显示几乎任何一个动态参数的图形。一个通用的例子就是频率响应的测试。这里 Y 轴对信号幅度 X 轴对应于频率。

5.4　XD2C 与 XD2 型低频信号发生器

XD2C 型低频信号发生器是 XD2 型的改进型，其功能比 XD2 多，除了有正弦波信号输出，还增加了方波输出、测频功能、频率显示功能。正弦波最大输出电压为 6V，它是一种 RC 正弦振荡器，能产生 1Hz～1MHz 的正弦波电压。

一、主要技术特性

（1）频率范围（分六个频段）：1Hz～1MHz。

"1" 为 1Hz～10Hz。

"2" 为 10Hz～100Hz。

"3" 为 100Hz～1kHz。

"4" 为 1kHz～10kHz。

"5" 为 10kHz～100kHz。

"6" 为 100kHz～1MHz。

（2）频率的基本误差：±1%～±1.5%。

（3）频率漂移（预热 30min 后）：在 1h 内，＜0.1%～0.4%。

（4）频率特性：＜±1.0dB。

（5）非线性失真（20Hz～20kHz）：＜1%。

（6）输出幅度：＞5V。

（7）输出衰减（粗衰减器）：0～90dB（分贝）。

（8）功率消耗：＜20VA。

该信号发生器的缺点是其输出阻抗（相当于信号源的内阻）随衰减值的不同而改变。

二、原理方框图

XD2 的原理框图如图 5.4.1 所示。

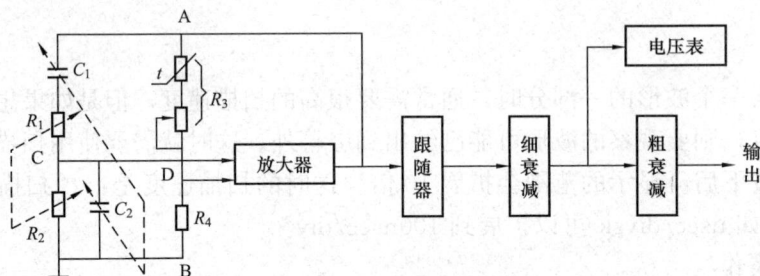

图 5.4.1　XD2 的原理框图

图 5.4.1 中 R_1、C_1 和 R_2、C_2 组成文氏电桥振荡器的正反馈支路，R_3 和 R_4 组成文氏电桥振荡器的负反馈支路，其中 R_3 由一个热敏电阻和一个电位器串联而成。

注意：图中电阻和电容编号不是仪器中的元件编号。

振荡频率：当 $R_1 = R_2 = R$，$C_1 = C_2 = C$ 时，$f_o = 1/2\pi RC$。

三、使用方法

（1）接通电源，指示灯亮，预热 30min。

（2）频率调节：将"频率范围"开关置于所需频率段，"频率调节"三个细钮（X1、X0.1、X0.01）调到所需频率（三位有效数字）。

（3）输出幅度调节：输出电压 1mV～6V，可由仪器面板"电压表头"直接指示出来，调节"输出细调"旋钮，便于得到所需的电压值。

如果输出 200mV 以下的小信号时，可再用"输出衰减"进行适当衰减，这时实际输出电压为表头电压指示值除以所选衰减器 dB 值的"电压衰减倍数"值。具体可用表 5.4.1 进行对照，也可以用晶体管交流毫伏表直接测量。

表 5.4.1　　　　　　　　　　　　　　　　输 出 幅 度 调 节

输出衰减	电压衰减倍数	电压表满偏时实际输出电压值
0dB	不衰减	5V
10	3.16	1.58V
20	10.0	0.50V
30	31.6	0.16V
40	100	0.05V
50	316	0.016V
60	1000	5mV
70	3160	1.58mV
80	10000	0.50mV
90	31600	0.16mV

四、XD2C 信号发生器

XD2C 信号发生器面板图如图 5.4.2 所示。

其正弦波输出使用方法与 XD2 相同，输出方波时注意图 5.4.2 中"波形选择"按键。

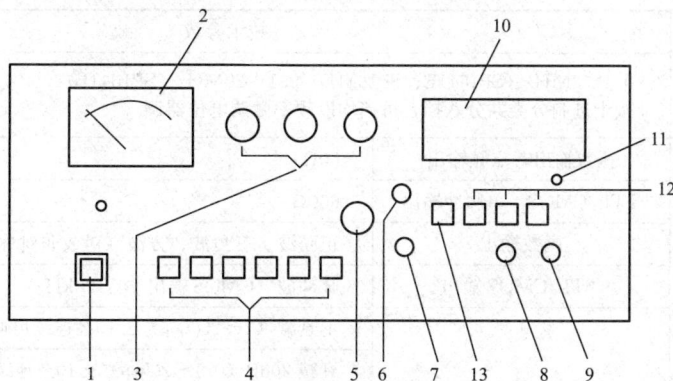

图 5.4.2　XD2C 信号发生器面板图

1-电源开关；2-表头；3-频率调节；4-频率范围；

5-输出衰减；6-脉宽调节旋钮；7-幅度调节旋钮；8-频率计外测输入；

9-输出端子；10-频率计显示；11-过载指示；12-波形选择；

13-频率内外测量选择

5.5 SP1641 系列型函数信号发生器/计数器使用说明

一、简介

本仪器是一种精密的测试仪器，因其具有连续信号、扫频信号、函数信号、脉冲信号、可输出单脉冲信号，点频正弦信号等到多种输出信号和外部测频功能，故定名为 SP1641E、SP1641D、SP1641B、型函数信号发生器/计数器。SP1641 系列型信号发生器/计数器示意图如图 5.5.1 所示，其技术指标见表 5.5.1。频率计数器技术指标见表 5.5.2。

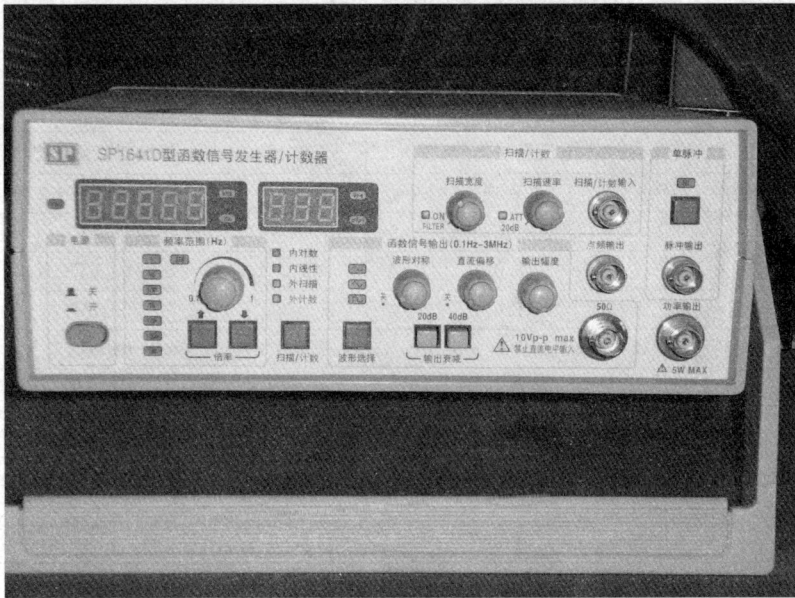

图 5.5.1　P1641 系列型函数信号发生器/计数器示意图

表 5.5.1　　　　　　　　SP1641 系列型函数信号发生器/计数器技术指标

项目	技术参数	
输出频率	0.1～3MHz（SP1641E、SP1641D）0.1～20MHz（SP1641B） 按十进制分类共分八挡，每挡均以频率微调电位器调	
输出阻抗	函数输出，点频输出	50Ω
	TTL/CMOS，单脉冲输出	600Ω
	函数输出	正弦波、三角波、方波（对或非对称）
	TTL/CMOS 输出	脉冲波（CMOS 输出 $f \leqslant 100\text{kHz}$）
	函数输出（1M）负载	不衰减（$1\sim20U_{\text{P-P}}$）±10%连续可调
		衰减 20dB（$0.1\sim2U_{\text{P-P}}$）±10%连续可调
		衰减 40dB（$10\sim200\text{mVU}_{\text{P-P}}$）±10%连续可调
		衰减 60dB（$1\sim20\text{mVU}_{\text{P-P}}$）±10%连续可调
	TTL 输出（负载电阻$\geqslant600\Omega$）	"0" 电平$\leqslant0.8$，"1" 电平$\geqslant1.8$（负载电阻$\geqslant600\Omega$）
	CMOS 输出（负载电阻$\geqslant2\text{k}\Omega$）	"0" 电平$\leqslant0.8$，"1" 电平$\geqslant5\sim15\text{V}$ 连续可调

续表

项目		技术参数
函数输出信号直流电平调节范围		关或（−10V～+10V）±10％（1MΩ 负载） "关"位置时输出信号所携带的直流电瓶为：<0V±0.1V 负载电阻为 50Ω 时，调节范围为（−5V～+5V）±10％
函数输出信号衰减		0/20/40/60dB（0dB 衰减即为不衰减）
输出信号类型		单频信号、扫频信号、调频信号（受外控制）
函数输出非对称性（SYM）调节范围		关或 20％～80％ "关"位置时输出波形为对称波形，误差：≤2％
幅度显示	显示位数	三位（小数点自动定位）
	显示单位	U_{P-P} 或 mVU_{P-P}
	显示误差（$f \leqslant MHz$）	
	分辨率	0.1U_{P-P}（衰减 0dB），10mU_{P-P}（衰减 20dB），1mVU_{P-P}（衰减 40dB），0.1mU_{P-P}（衰减 60dB）
频率显示	显示范围	0.1Hz～20 000kHz
	显示有效位数	五位，（1000 倍率档以下四位）
点频输出		600Ω
单脉冲输出（TTL 电平）		正弦波、三角波、方波（对或非对称）
功率输出（SP1641D）		脉冲波（CMOS 输出 $f \leqslant 100kHz$）

表 5.5.2　　　　　　　　　　　　　　频率计数器技术指标

项目		技术参数
频率测量范围		0.1Hz～50MHz
输入电压范围（衰减度为 0dB）		150mV～2V（0.1～1Hz）
		30mV～2V（1Hz～50MHz）
输入阻抗		500kΩ/30pF
波形适应性		正弦波、方波
滤波器截止频率		大约 100kHz（带内衰减，满足最小输入电压要求）
测量时间		0.3s（$f_i > 3Hz$）
		单个被测信号周期（$f_i \leqslant 3Hz$）
显示方式	显示范围	0.100Hz～50 000kHz
	显示有效位数	五位

注　U_{P-P} 对应图 5.5.1 中的 U_{P-P}。

如图 5.5.1 所示，整机电路由一片单片机进行管理，主要工作为：控制函数发生器产生的频率，控制输出信号的波形，测量输出的频率或测量外部输入的频率并显示，测量输出信号的幅度并显示。

函数信号由专用的集成电路产生，该电路集成度大，线路简单精度高并易于与微机接口，使得整机指标得到可靠保证。

扫描电路由多片运算放大器组成，以满足扫描宽度、扫描速率的需要。宽带直流功放电路的选用，保证输出信号的带负载能力以及输出信号的直流电平偏移，均可受面板电位器控制。整机电源采用线性电路，以保证输出波形的纯净性，具有过压、过流、过热保护。

其前面板说明如下。

（1）频率显示窗口。显示输出信号的频率或外测频信号的频率。

（2）幅度显示窗口。显示函数输出信号和功率输出信号的幅度。

（3）扫描宽度调节旋钮。调节此电位器可调节扫频输出的频率范围，在外测频时，逆时针到底（绿灯亮），为外输入测量信号经过低通开关进入测量系统。

（4）扫描速率调节旋钮。调节此电位器可以改变内扫描的时间长短．在外测频时，逆时针到底（绿灯亮），为外输入测量信号经过衰减"20dB"进入测量系统。

（5）扫描/记数输入插座。当"扫描/记数键"功能选择在外扫描状态或外测频功能时，外扫描控制信号或外测频信号由此输入。

（6）点频输出端。输出频率为 $100Hz$ 的正弦信号，输出幅度 $2U_{P-P}$（$-1V\sim+1V$），输出阻抗 50Ω。

（7）函数信号输出端。输出多种波形受控的函数信号，输出幅度 $20U_{P-P}$（$1M\Omega$ 负载），$10U_{P-P}$（50Ω 负载）。

（8）函数信号/功率信号输出幅度调节旋钮。

电压输出：调节范围 20dB。

功率输出：调节范围 $0\sim5W$ 输出功率。

（9）函数输出信号直流电平偏移调节旋钮。调节范围：$-5V\sim+5V$（50Ω 负载），$-10V\sim+10V$（$1M\Omega$ 负载）。当电位器处在关位置时，则为 0 点平。

（10）输出波形对称性调节旋钮。调节此旋钮可改变输出信号的对称性。当电位器处在关位置时，则输出对称信号。

（11）函数信号/功率信号输出幅度衰减开关。"20dB、40dB"键均不按下，输出信号不经衰减，直接输出到插座口。"20dB、40dB"键分别按下，则可选择 20dB 或 40dB 衰减。两键同时按下，则可进行 60dB 衰减。

（12）函数输出波形选择按钮。可选择正弦波、三角波、脉冲波输出。

（13）"扫描/记数"按钮。可选择多种扫描方式和外测频方式。

（14）频率微调旋钮。调节此旋钮可微调输出信号频率，调节基数范围为从大于 0.1 到小于 3。

（15）倍率选择按钮。每按一次此按钮可递减输出频率的 1 个频段。

（16）倍率选择按钮。每按一次此按钮可递增输出频率的 1 个频段。

（17）整机电源开关。此按键掀下时，机内电源接通，整机工作。此键释放为关掉整机电源。

（18）单脉冲按钮。按此钮可输出 TTL 高电平（指示灯亮），再按此钮输出 TTL 低电平（指示灯灭）。

（19）单脉冲信号输出端。通过单脉冲按钮输出 TTL 跳变电平。

（20）5W 功率输出端（仅 SP1641D 具有）。可输出 5W 功率的正弦信号，输出幅度调节参照（2）、（8）、（11）说明。输出频率同主函数调节。

（21）电源插座。交流市电 220V 输入插座，内置保险丝容量为 0.5A。

（22）TTL/CMOS 电平调节。调节旋钮，"关"为 TTL 电平，打开则为 CMOS 电平，输出幅度可从 5V 调节到 15V。

（23）TTL/CMOS 输出插座。

二、测量、测验的准备工作

请先检查市电电压，确认市电电压在 220V±10％范围内，方可将电源线插头插入本仪器后面板电源线插座内，供仪器随时开启工作。

三、自校检查

（1）在使用本仪器进行测试工作之前，可对其进行自校检查，以确定仪器工作正常与否。

（2）自校检查程序。

四、函数信号输出

50Ω 主函数信号输出如下。

（1）以终端连接 50Ω 匹配器的测量电缆，前面板插座输出函数信号。

（2）由频率选择按钮选定输出函数信号的频段，由频率微调旋钮调整输出信号频率，直到所需的工作频率值。

（3）由波形选择按钮选定输出函数的波形分别获得正弦波、三角波、脉冲波。

（4）由信号幅度选择器选定和调节输出信号的幅度。

（5）由信号电平设定器选定输出信号所携带的直流电平。

（6）输出波形对称调节器可改变输出脉冲信号空度比，与此类似，输出波形为三角或正弦时，可使三角波变为锯齿波，正弦波调变为正与负半周分别为不同角频率的正弦波形，且可移相 180°。

5.6　SX2172 型交流毫伏表

SX2172 型交流毫伏表用于测量频率为 5Hz～2MHz，电压为 100μV～300V 的正弦波有效值电压。

本仪器是由 60dB 衰减器、输入保护电路、阻抗转换电路、10dB 步进衰减器、前置放大器、表放大器、表电路、监视放大器和稳压电源电路组成。

本仪器具有测量准确度高、频率影响误差小、输入阻抗高的优点，且换量程不用调零，使用方便；有交流电压输出，能作为宽频带、低噪声、高增益放大器或其他电子仪器的前置放大器。

一、技术参数

（1）交流电压测量范围：100μV～300V。

（2）仪器共分十二挡量程：1、3、10、30、100、300mV，1、3、10、30、100、300V。

（3）dB 量程分十二挡量程：−60、−50、−40、−30、−20、−10dB，0、+10、+20、+30、+40、+50 dB。本仪器采用二种电压刻度（0dB=1V，0dB=0.775V）。

（4）电压固有误差：满刻度的±2％（1kHz）。

（5）基准条件下的频率影响误差（以 1kHz 为基准）：5Hz～2MHz±10％；10Hz～500kHz±5％；20Hz～100kHz±2％。

（6）输入电阻：1～300 mV　8MΩ±10％；1～300V±10％。

（7）输入电容：1～300 mV 小于 45PF；1～300V 小于 30PF。

（8）最大输入电压：AC 峰值＋DC＝600V。

（9）噪声：输入短路时小于 2％（满刻度）。

（10）输出电压：在每一个量程上，当指针指示满刻度"1.0"位置时，输出电压应为 1V（输出端不接负载）。

（11）频率特性：10Hz～500kHz－3dB（以 1kHz 为基准）。

（12）输出电阻：600Ω 允差±20％。

（13）失真系数：在满刻度上小于 1％（1kHz）。

（14）工作温度范围：0～40℃。

（15）工作湿度范围：小于 90％。

（16）电源：220V 允差±10％；50/60Hz；2.5W。

二、面板功能说明

SX2172 型交流毫伏表面板如图 5.6.1 所示。

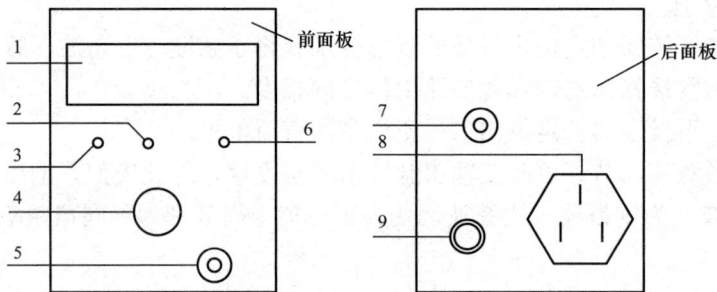

图 5.6.1　SX2172 型交流毫伏表面板图

1-表头；2-表头机械零调节螺丝；3-电源开关；

4-量程选择开关；5-信号输入端；6-电源指示灯；

7-放大器输出端；8-电源插座；9-接地柱

三、使用方法

（1）机械零指示调整：当电源关断时，如果表头指针不是在零上，用绝缘起子调节机械螺丝，使指针置于零。

（2）该仪器原最大输入电压为 AC 峰值＋DC＝600V，若大于 600V 的峰值电压加到输入端，可能破坏部分电路。

（3）输入波形：这个仪器给出的指示按正弦波的有效值校准，因此输入电压波形的失真会引起读数不准确。

（4）感应噪声：当被测量的电压很小时，或者测量电压源阻抗很高时，外部噪声感应使指示不正常，可利用屏蔽线减少或消除噪声干扰。

四、操作方法

（1）通电以前，应先检查电表指针是否在零上，如果不在零上，用调节螺丝调整到零。

（2）插入电源。

（3）预先把量程开关置于 300V 量程上。

（4）电源开关打到"开"上，指示灯亮。电源加上后大约 5s 仪器将稳定。

（5）交流电压的测量：当输入端加上测量电压时，表头指示读数如果小于满刻度的

30%，可逆时针方向转动量程旋钮逐渐地减小电压量程，当指针大于满刻度的 30% 又小于满刻度时读出示值。在刻度上有两个最大的电压校准"1"和"3"，表 5.6.1 说明了"量程"旋钮的位置与电压刻度之间的关系。

表 5. 6. 1　　　　　　　　　"量程"旋钮的位置与电压刻度之间的关系

量程	刻度	倍乘器	电压/刻度
300V	0 - 3	100	10V
100V	0 - 1	100	2V
30V	0 - 3	10	1V
10V	0 - 1	10	0. 2V
3V	0 - 3	1	0. 1V
1V	0 - 1	1	0. 02V
300mV	0 - 3	100	10mV
100mV	0 - 1	100	2mV
30mV	0 - 3	10	1mV
10mV	0 - 1	10	0. 2mV
3mV	0 - 3	1	0. 1mV
1mV	0 - 1	1	0. 02mV

附录　常用元器件功能及引脚简介

附录1　常用元器件功能

1. 74LS48 BCD 七段译码器/驱动器

附表 1.1　　　　　　　　　　74LS48 BCD 七段译码器/驱动器功能表

十进制数或功能	输入							输出							字形
	LT	RBI	D	C	B	A	BI/RBO	a	b	c	d	e	f	g	
0	1	1	0	0	0	0	1	1	1	1	1	1	1	0	⊓
1	1	×	0	0	0	1	1	0	1	1	0	0	0	0	Ⅰ
2	1	×	0	0	1	0	1	1	1	0	1	1	0	1	≥
3	1	×	0	0	1	1	1	1	1	1	1	0	0	1	∃
4	1	×	0	1	0	0	1	0	1	1	0	0	1	1	ч
5	1	×	0	1	0	1	1	1	0	1	1	0	1	1	⊏
6	1	×	0	1	1	0	1	1	0	1	1	1	1	1	⊌
7	1	×	0	1	1	1	1	1	1	1	0	0	0	0	⊓
8	1	×	1	0	0	0	1	1	1	1	1	1	1	1	⊟
9	1	×	1	0	0	1	1	1	1	1	1	0	1	1	⊓
10	1	×	1	0	1	0	1	0	0	0	1	1	0	1	⊏
11	1	×	1	0	1	1	1	0	0	1	1	0	0	1	⊐
12	1	×	1	1	0	0	1	0	1	0	0	0	1	1	⊔
13	1	×	1	1	0	1	1	1	0	0	1	0	1	1	⊑
14	1	×	1	1	1	0	1	0	0	0	1	1	1	1	⊢
15	1	×	1	1	1	1	1	0	0	0	0	0	0	0	暗
BI	×	×	×	×	×	×	0	0	0	0	0	0	0	0	暗
RBI	1	0	0	0	0	0	0	0	0	0	0	0	0	0	暗
LT	0	×	×	×	×	×	1	1	1	1	1	1	1	1	亮

说明：

（1）灯测试输入 LT。当 LT＝0，BI/RBO＝1 时，不管 RBI、D、C、B、A 输入是什么状态，a～g 全为 1，所有段全亮，显示 8。因此，可作检验数码管和电路用。

（2）灭灯输入 BI。当 BI＝0，不论 LT、RBI 及 D、C、B、A 状态如何，a～g 全为 0，显示管熄灭，因此，灭灯输入端 BI 可用作对显示与否的控制，例如闪字，与一同步信号联动显示等。

（3）动态灭零输入 RBI。当 RBI＝0 时，只有在 LT＝1，且 DCBA＝0000 时，a～g 才均为 0，各段熄灭，用于不需显示零的场合。例如：一个七位显示器"1985"，如不消前面的零，就会显示出"0001985"，为利用 RBI 端，则将前三位的 RBI 端接地，就可达到显示要求。

（4）动态灭零输出 RBO。RBO 是输出，它与 BI 并在一起，它在灭灯输入 BI＝0 或动态灭零输入 RBI＝0，且 LT＝1，DCBA＝0000 时，方输出 0。用它与 RBI 配合，可方便消去混合小数的前零和无用的尾零。

2. 74LS74 双 D 触发器（↑）

附表 1.2　　　　　　　　　　　74LS74　双 D 触发器（↑）功能表

输　入				输　出	
$\overline{R_D}$	$\overline{S_D}$	CLK	D	Q	$\overline{Q}$
0	1	×	×	0	1
1	0	×	×	1	0
0	0	×	×	1	1
1	1	↑	1	1	0
1	1	↑	0	0	1
1	1	0	×	不	变

3. 74LS75 四位双稳态锁存器

附表 1.3　　　　　　　　　74LS75　四位双稳态锁存器功能表

输入		输出		输入		输出	
D	E	Q	$\overline{Q}$	1	1	1	0
0	1	0	1	×	0	不	变

4. 74LS76 双 JK 触发器（负沿触发）

附表 1.4　　　　　　　74LS76 双 JK 触发器（负沿触发）功能表

输　入					输　出	
$\overline{Sd}$	$\overline{Rd}$	CLK	J	K	Q	$\overline{Q}$
0	1	×	×	×	1	0
1	0	×	×	×	0	1
0	0	×	×	×	1	1

续表

输　入					输　出	
$\overline{Sd}$	$\overline{Rd}$	CLK	J	K	Q	$\overline{Q}$
1	1	↓	0	0	保　持	
1	1	↓	0	1	0	1
1	1	↓	1	0	1	0
1	1	↓	1	1	翻　转	

5. 74LS90 异步 2 - 5 - 10 进制计数器（↓）

附表 1.5　　74LS90 异步 2 - 5 - 10 进制计数器真值表 I （注 1）

输入	输出（8421）			
	Q_D	Q_C	Q_B	Q_A
0	0	0	0	0
1	0	0	0	1
2	0	0	1	0
3	0	0	1	1
4	0	1	0	0
5	0	1	0	1
6	0	1	1	0
7	0	1	1	1
8	1	0	0	0
9	1	0	0	1

注　将 QA 与 CLK$_1$ 连接，从 CLK$_0$ 送 CP。

附表 1.6　　74LS90 异步 2 - 5 - 10 进制计数器真值表 II （注 2）

输入	输出（5421）			
	Q_A	Q_D	Q_C	Q_B
0	0	0	0	0
1	0	0	0	1
2	0	0	1	0
3	0	0	1	1
4	0	1	0	0
5	1	0	0	0
6	1	0	0	1
7	1	0	1	0
8	1	0	1	1
9	1	1	0	0

注　将 QD 与 CLK$_0$ 连接，从 CLK$_1$ 送 CP。

附表 1.7　　　　复 0 置 9 及计数功能表

输　入				输　出			
R_0 (1)	R_0 (2)	S_9 (1)	S_9 (2)	Q_D	Q_C	Q_B	Q_A
1	1	0	×	0	0	0	0
1	1	×	0	0	0	0	0
×	×	1	1	1	0	0	1
×	0	×	0	计　数			
0	×	0	×	计　数			
0	×	×	0	计　数			
×	0	0	×	计　数			

6. 74LS112 双 J - K 触发器（↓）功能表

附表 1.8　　　　　　　74LS112 双 J - K 触发器（↓）功能表

输　入					输　出	
$\overline{Sd}$	$\overline{Rd}$	CLK	J	K	Q	$\overline{Q}$
0	1	×	×	×	1	0
1	0	×	×	×	0	1
0	0	×	×	×	1	1
1	1	↓	0	0	保　持	
1	1	↓	0	1	0	1
1	1	↓	1	0	1	0
1	1	↓	1	1	翻　转	

7. 74LS122 可再触发单稳、多谐振荡器

74122 为可重复触发的单稳触发器，它具有两个负跳变触发输入端、两个正跳变触发输入端以及互补输出端。

若在输出脉冲结束之前，输入重复触发脉冲，则输出脉冲宽度加宽。但重复触发脉冲与前一触发脉冲的时间间隔应大于 $0.22C_T$（μF）。也可从清除输入端 C_T 输入清除脉冲，使输出脉冲中止，而不依赖计时元件。

外接定时电容和电阻与输出脉冲宽度的取值可按下式估算，有

$$t_w = 0.32R_T C_T （1+0.7/R_T）$$

式中：t_w 为脉宽，ns；R_T 为电阻，$k\Omega$；C_T 为电容，pF。

附表 1.9　　　　　　74LS122 可再触发单稳、多谐振荡器功能表

输入端					输出端	
时钟	A_1	A_2	B_1	B_2	Q	$\overline{Q}$
0	×	×	×	×	0	1
×	1	1	×	×	0	1
×	×	×	0	×	0	1
×	×	×	×	0	0	1
1	0	×	↑	1	⎍	⊔
1	0	×	1	↑	⎍	⊔
1	×	0	↑	1	⎍	⊔
1	×	0	1	↑	⎍	⊔
1	1	↓	1	1	⎍	⊔
1	↓	↓	1	1	⎍	⊔
1	↓	×	1	1	⎍	⊔
↑	0	×	1	1	⎍	⊔
↑	×	0	1	1	⎍	⊔

8. 74LS139 双 2/4 线译码器/分配器

附表 1.10 　　　　　　　**74LS139 双 2/4 线译码器/分配器功能表**

输　入			输　出			
允许 $\overline{E}$	选择		Y0	Y1	Y2	Y3
	B	A				
1	×	×	1	1	1	1
0	0	0	0	1	1	1
0	0	1	1	0	1	1
0	1	0	1	1	0	1
0	1	1	1	1	1	0

9. 74LS138 3/8 线译码器/分配器

附表 1.11 　　　　　　　**74LS138 3/8 线译码器/分配器功能表**

输　入					输　出							
允许		选　择			Y_0	Y_1	Y_2	Y_3	Y_4	Y_5	Y_6	Y_7
E_3	E_1+E_2	C	B	A								
×	1	×	×	×	1	1	1	1	1	1	1	1
0	×	×	×	×	1	1	1	1	1	1	1	1
1	0	0	0	0	0	1	1	1	1	1	1	1
1	0	0	0	1	1	0	1	1	1	1	1	1
1	0	0	1	0	1	1	0	1	1	1	1	1
1	0	0	1	1	1	1	1	0	1	1	1	1
1	0	1	0	0	1	1	1	1	0	1	1	1
1	0	1	0	1	1	1	1	1	1	0	1	1
1	0	1	1	0	1	1	1	1	1	1	0	1
1	0	1	1	1	1	1	1	1	1	1	1	0

* G＝E1＋E2。

10. 74LS150 16 选 1 数据选择器/多路开关

附表 1.12 　　　　　　　**74LS150 16 选 1 数据选择器/多路开关功能表**

输　入					输出 Y
D	C	B	A	S	
×	×	×	×	1	1
0	0	0	0	0	D_0
0	0	0	1	0	D_1
0	0	1	0	0	D_2
0	0	1	1	0	D_3
0	1	0	0	0	D_4

输　入					输出 Y
D	C	B	A	S	
0	1	0	1	0	D_5
0	1	1	0	0	D_6
0	1	1	1	0	D_7
1	0	0	0	0	D_8
1	0	0	1	0	D_9
1	0	1	0	0	D_{10}
1	0	1	1	0	D_{11}
1	1	0	0	0	D_{12}
1	1	0	1	0	D_{13}
1	1	1	0	0	D_{14}
1	1	1	1	0	D_{15}

11. 74LS151 8 选 1 数据选择器/多路开关

附表 1.13　　　　　　**74LS151 8 选 1 数据选择器/多路开关功能表**

输　入				输　出	
A	B	C	$\overline{E}$	Z	$\overline{Z}$
×	×	×	1	0	1
0	0	0	0	I_0	$\overline{I}_0$
0	0	1	0	I_1	$\overline{I}_1$
0	1	0	0	I_2	$\overline{I}_2$
0	1	1	0	I_3	$\overline{I}_3$
1	0	0	0	I_4	$\overline{I}_4$
1	0	1	0	I_5	$\overline{I}_5$
1	1	0	0	I_6	$\overline{I}_6$
1	1	1	0	I_7	$\overline{I}_7$

12. 74LS153 双 4 选 1 数据选择器/多路开关

附表 1.14　　　　　　**74LS153 双 4 选 1 数据选择器/多路开关功能表**

选择输入		数据输入				选通脉冲输入	输出
B	A	I0	I_1	I_2	I_3	E	Y
×	×	×	×	×	×	1	0
0	0	0	×	×	×	0	0
0	0	1	×	×	×	0	1
0	1	×	0	×	×	0	0
0	1	×	1	×	×	0	1

选择输入		数据输入				选通脉冲输入	输出
1	0	×	×	0	×	0	0
1	0	×	×	1	×	0	1
1	1	×	×	×	0	0	0
1	1	×	×	×	1	0	1

13. 74LS154 4/16 线译码器/多路分配器

附表 1.15　　　　　　　　　74LS154 4/16 线译码器/多路分配器功能表

输　入						输　出															
G_1	G_2	D	C	B	A	Y_0	Y_1	Y_2	Y_3	Y_4	Y_5	Y_6	Y_7	Y_8	Y_9	Y_{10}	Y_{11}	Y_{12}	Y_{13}	Y_{14}	Y_{15}
0	0	0	0	0	0	0	1	1	1	1	1	1	1	1	1	1	1	1	1	1	1
0	0	0	0	0	1	1	0	1	1	1	1	1	1	1	1	1	1	1	1	1	1
0	0	0	0	1	0	1	1	0	1	1	1	1	1	1	1	1	1	1	1	1	1
0	0	0	0	1	1	1	1	1	0	1	1	1	1	1	1	1	1	1	1	1	1
0	0	0	1	0	0	1	1	1	1	0	1	1	1	1	1	1	1	1	1	1	1
0	0	0	1	0	1	1	1	1	1	1	0	1	1	1	1	1	1	1	1	1	1
0	0	0	1	1	0	1	1	1	1	1	1	0	1	1	1	1	1	1	1	1	1
0	0	0	1	1	1	1	1	1	1	1	1	1	0	1	1	1	1	1	1	1	1
0	0	1	0	0	0	1	1	1	1	1	1	1	1	0	1	1	1	1	1	1	1
0	0	1	0	0	1	1	1	1	1	1	1	1	1	1	0	1	1	1	1	1	1
0	0	1	0	1	0	1	1	1	1	1	1	1	1	1	1	0	1	1	1	1	1
0	0	1	0	1	1	1	1	1	1	1	1	1	1	1	1	1	0	1	1	1	1
0	0	1	1	0	0	1	1	1	1	1	1	1	1	1	1	1	1	0	1	1	1
0	0	1	1	0	1	1	1	1	1	1	1	1	1	1	1	1	1	1	0	1	1
0	0	1	1	1	0	1	1	1	1	1	1	1	1	1	1	1	1	1	1	0	1
0	0	1	1	1	1	1	1	1	1	1	1	1	1	1	1	1	1	1	1	1	0
×	1	×	×	×	×	1	1	1	1	1	1	1	1	1	1	1	1	1	1	1	1
1	×	×	×	×	×	1	1	1	1	1	1	1	1	1	1	1	1	1	1	1	1

14. 74LS160 四位十进制同步计数器（异步清零）

附表 1.16　　　　　　74LS160 四位十进制同步计数器（异步清零）功能表

输　入									输　出				说　明
R_D	EP	ET	LD	CLK	D_3	D_2	D_1	D_0	Q_3	Q_2	Q_1	Q_0	高位在左
0	×	×	×	×	×	×	×	×	0	0	0	0	强迫清除
1	×	×	0	↑	D	C	B	A	D	C	B	A	置数在 CLK↑ 完成
1	0	×	1	×	×	×	×	×	保持				不影响 OC 输出
1	×	0	1	×	×	×	×	×	保持				ET=0，OC=0
1	1	1	1	↑	×	×	×	×	计数				十进制进位方式

注　只有当 CLK=1 时，EP、ET 才允许改变状态。

15. 74LS161 四位二进制同步计数器（异步清零）

附表 1.17　　　　74LS161 四位二进制同步计数器（异步清零）功能表

输　入									输　出				说　明
R_D	EP	ET	LD	CLK	D_3	D_2	D_1	D_0	Q_3	Q_2	Q_1	Q_0	高位在左
0	×	×	×	×	×	×	×	×	0	0	0	0	强迫清除
1	×	×	0	↑	D	C	B	A	D	C	B	A	置数在 CLK↑ 完成
1	0	×	1	×	×	×	×	×	保持				不影响 OC 输出
1	×	0	1	×	×	×	×	×	保持				ET=0，OC=0
1	1	1	1	↑	×	×	×	×	计数				二进制进位方式

注　只有当 CLK＝1 时，EP、ET 才允许改变状态。

16. 74LS162 四位十进制同步计数器（同步清零）

附表 1.18　　　　74LS162 四位十进制同步计数器功能表

输　入									输　出			
CLK	R_D	LD	EP	ET	D_0	D_1	D_2	D_3	Q_0	Q_1	Q_2	Q_3
↑	0	×	×	×	×	×	×	×	0	0	0	0
↑	1	0	×	×	A	B	C	D	A	B	C	D
×	1	1	0	×	×	×	×	×	保持			
×	1	1	×	0	×	×	×	×	保持			
↑	1	1	1	1	×	×	×	×	计数			

注　只有当 CLK＝1 时，EP、ET 才允许改变状态。

17. 74LS163 四位二进制同步计数器（同步清零）

附表 1.19　　　　74LS163 四位二进制同步计数器（同步清零）功能表

输　入									输　出			
CLK	R_D	LD	EP	ET	D_0	D_1	D_2	D_3	Q_0	Q_1	Q_2	Q_3
↑	0	×	×	×	×	×	×	×	0	0	0	0
↑	1	0	×	×	A	B	C	D	A	B	C	D
×	1	1	0	×	×	×	×	×	保持			
×	1	1	×	0	×	×	×	×	保持			
↑	1	1	1	1	×	×	×	×	计数			

注　只有当 CLK＝1 时，EP、ET 才允许改变状态。

18. 74LS164 8 位并行输出串行移位寄存器（异步清零）

附表 1.20　　　74LS164 8 位并行输出串行移位寄存器（异步清零）功能表

输　入				输　出				说　明
R	CLK	A	B	Q_0	Q_1	⋯	Q_7	
0	×	×	×	0	0		0	异步清零

输　入				输　出			说　明
1	0	×	×	Q_{0n}	Q_{1n}	Q_{7n}	不变
1	↑	1	1	1	Q_{0n}	Q_{6n}	右移
1	↑	0	×	0	Q_{0n}	Q_{6n}	右移
1	↑	×	0	0	Q_{0n}	Q_{6n}	右移

19. 74LS192 双时钟可预置 BCD 同步加/减计数器

附表 1.21　　　　　74LS192 双时钟可预置 BCD 同步加/减计数器功能表

输　入								输　出			
R	L_D	CLKU	CLKD	D_3	D_2	D_1	D_0	Q_3	Q_2	Q_1	Q_0
1	×	×	×	×	×	×	×	0	0	0	0
0	0	×	×	D	C	B	A	D	C	B	A
0	1	↑	1	×	×	×	×	加法计数			
0	1	1	↑	×	×	×	×	减法计数			

20. 74LS193 双时钟可预置二进制同步加/减计数器

附表 1.22　　　　　74LS193 双时钟可预置二进制同步加/减计数器功能表

输　入								输　出			
R	L_D	CLKU	CLKD	D_3	D_2	D_1	D_0	Q_3	Q_2	Q_1	Q_0
1	×	×	×	×	×	×	×	0	0	0	0
0	0	×	×	D	C	B	A	D	C	B	A
0	1	↑	1	×	×	×	×	加法计数			
0	1	1	↑	×	×	×	×	减法计数			

21. 74LS194 四位双向通用移位寄存器

附表 1.23　　　　　74LS194 四位双向通用移位寄存器功能表

R	控制方式		CLK	连续移动		数据（并行）				输　出			
	S_1	S_0		左移 SL	右移 SR	D_0	D_1	D_2	D_3	Q_0	Q_1	Q_2	Q_3
0	×	×	×	×	×	×	×	×	×	0	0	0	0
1	×	×	0	×	×	×	×	×	×	Q_{0n}	Q_{1n}	Q_{2n}	Q_{3n}
1	1	1	↑	×	×	a	b	c	d	a	b	c	d
1	0	1	↑	×	1	×	×	×	×	1	Q_{0n}	Q_{1n}	Q_{2n}
1	0	1	↑	×	0	×	×	×	×	0	Q_{0n}	Q_{1n}	Q_{2n}
1	1	0	↑	1	×	×	×	×	×	Q_{1n}	Q_{2n}	Q_{3n}	1
1	1	0	↑	0	×	×	×	×	×	Q_{1n}	Q_{2n}	Q_{3n}	0
1	0	0	×	1	×	×	×	×	×	Q_{0n}	Q_{1n}	Q_{2n}	Q_{3n}

22. CD4013 双 D 触发器（↑）

附表 1. 24　　　　　　　　　　　**CD4013 双 D 触发器（↑）功能表**

CLK	D	R	S	Q	$\overline{Q}$
↑	0	0	0	0	1
↑	1	0	0	1	0
↓	×	0	0	保持	
×	×	1	0	0	1
×	×	0	1	1	0
×	×	1	1	1	1

23. CD4027 双 JK 触发器（↑）

附表 1. 25　　　　　　　　　　　**CD4027 双 JK 触发器（↑）功能表**

J	S	K	R	CLK	Q^{n+1}
0	0	0	0	↑	Q^n
0	1	0	0	↑	0
1	0	0	0	↑	1
1	1	0	0	↑	$\overline{Q^n}$
×	×	0	1	↑	0
×	×	1	0	↑	1
×	×	0	0	↓	Q^n

24. CD4017 2-10 进制计数器/脉冲分配器

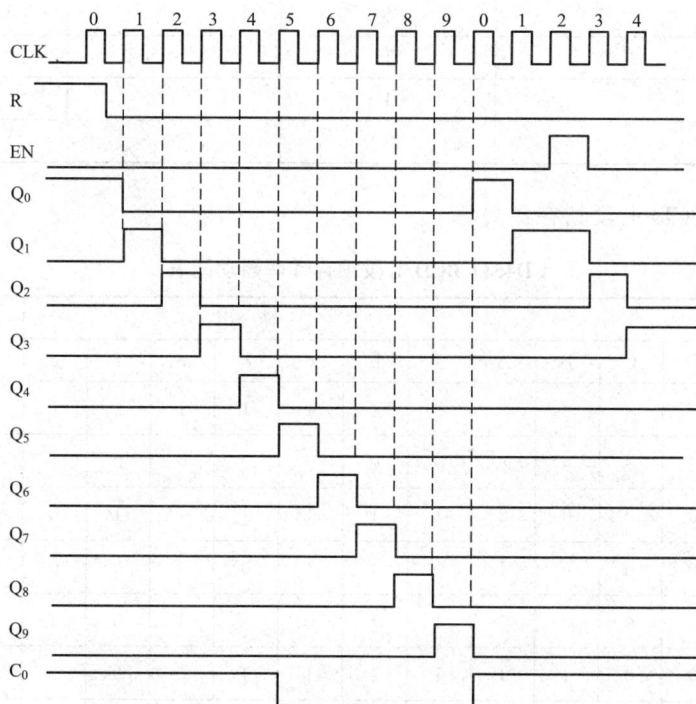

R—复位、CLK—时钟、E_N—时钟禁止、C_O—进位输

附图 1.1　CD4017 2-10 进制计数器/脉冲分配器时序图

附表 1.26　　　　　　　　　　**CD4017 2 - 10 进制计数器/脉冲分配器功能表**

CLK	EN	R	Q_n	功能
$\times$	$\times$	1	$Q_0 = 1$	复位
0	$\times$	0	$Q_n = 1$	保持
$\times$	1	0	$Q_n = 1$	保持
$\uparrow$	0	0	$Q_{n+1} = 1$	计数
1	$\downarrow$	0	$Q_{n+1} = 1$	计数
$\downarrow$	$\times$	0	$Q_n = 1$	保持
$\times$	$\uparrow$	0	$Q_n = 1$	保持

25. CD4051 单 8 通道模拟转换器

附表 1.27　　　　　　　　　　**CD4051 单 8 通道模拟转换器功能表**

输入状态				接通通道
INH	C	B	A	
0	0	0	0	0
0	0	0	1	1
0	0	1	0	2
0	0	1	1	3
0	1	0	0	4
0	1	0	1	5
0	1	1	0	6
0	1	1	1	7
1	$\times$	$\times$	$\times$	无

26. CD4511 BCD 七段锁存译码器

附表 1.28　　　　　　　　　　**CD4511 BCD 七段锁存译码器功能表**

输入							输出							显示
LE	$\overline{BI}$	$\overline{LT}$	D	C	B	A	a	b	c	d	e	f	g	
$\times$	$\times$	0	$\times$	$\times$	$\times$	$\times$	1	1	1	1	1	1	1	日
$\times$	0	1	$\times$	$\times$	$\times$	$\times$	0	0	0	0	0	0	0	灭灯
0	1	1	0	0	0	0	1	1	1	1	1	1	0	□
0	1	1	0	0	0	1	0	1	1	0	0	0	0	I
0	1	1	0	0	1	0	1	1	0	1	1	0	1	己
0	1	1	0	0	1	1	1	1	1	1	0	0	1	∃
0	1	1	0	1	0	0	0	1	1	0	0	1	1	４
0	1	1	0	1	0	1	1	0	1	1	0	1	1	5

续表

输入							输出							显示
LE	$\overline{BI}$	$\overline{LT}$	D	C	B	A	a	b	c	d	e	f	g	
0	1	1	0	1	1	0	0	0	1	1	1	1	1	⊔
0	1	1	0	1	1	1	1	1	1	0	0	0	0	⌐
0	1	1	1	0	0	0	1	1	1	1	1	1	1	日
0	1	1	1	0	0	1	1	1	0	0	0	1	1	딕
0	1	1	1	0	1	0	0	0	0	0	0	0	0	灭灯
0	1	1	1	0	1	1	0	0	0	0	0	0	0	灭灯
0	1	1	1	1	0	0	0	0	0	0	0	0	0	灭灯
0	1	1	1	1	0	1	0	0	0	0	0	0	0	灭灯
0	1	1	1	1	1	0	0	0	0	0	0	0	0	灭灯
0	1	1	1	1	1	1	0	0	0	0	0	0	0	灭灯
1	1	1	×	×	×	×	*	*	*	*	*	*	*	*

注 ×—任意状态；*—保持锁定状态。

27. CD4066 四双向模拟开关

当控制端 $U_c=1$，开关接通 $U_c=0$，开关断开（引脚排列见附录2）。

28. CD4512 八路数据选择器

附表 1.29   **CD4512 八路数据选择器功能表**

C	B	A	INH（禁止）	DIS（使能）	Z
0	0	0	0	0	X_0
0	0	1	0	0	X_1
0	1	0	0	0	X_2
0	1	1	0	0	X_3
1	0	0	0	0	X_4
1	0	1	0	0	X_5
1	1	0	0	0	X_6
1	1	1	0	0	X_7
×	×	×	1	0	0
×	×	×	×	1	高阻

29. CD4518 双 BCD 同步加法计数器

附表 1.30   **CD4518 双 BCD 同步加法计数器功能表**

CLK	EN	R	功能
↑	1	0	加计数
0	↓	0	加计数

CLK	EN	R	功能
↓	×	0	不 变
×	↑	0	不 变
↑	0	0	不 变
1	↓	0	不 变
×	×	1	$Q_1 \sim Q_4 = 0$

计数状态：$Q_4 Q_3 Q_2 Q_1 = 0000 \sim 1001$。

30. CD4520 双四位二进制同步加法计数器

附表 1.31 **CD4520 双四位二进制同步加法计数器功能表**

CLK	EN	R	功能
↑	1	0	加计数
0	↓	0	加计数
↓	×	0	不 变
×	↑	0	不 变
↑	0	0	不 变
1	↓	0	不 变
×	×	1	$Q_1 \sim Q_4 = 0$

计数状态：$Q_4 Q_3 Q_2 Q_1 = 0000 \sim 1111$。

31. CD4532 八输入优先编码器

附表 1.32 **CD4532 八输入优先编码器功能表**

输入									输出				
EI	D_7	D_6	D_5	D_4	D_3	D_2	D_1	D_0	Q_{GS}	Q_2	Q_1	Q_0	EO
1	0	0	0	0	0	0	0	1	1	0	0	0	0
1	0	0	0	0	0	0	1	×	1	0	0	1	0
1	0	0	0	0	0	1	×	×	1	0	1	0	0
1	0	0	0	0	1	×	×	×	1	0	1	1	0
1	0	0	0	1	×	×	×	×	1	1	0	0	0
1	0	0	1	×	×	×	×	×	1	1	0	1	0
1	0	1	×	×	×	×	×	×	1	1	1	0	0
1	1	×	×	×	×	×	×	×	1	1	1	1	0
1	0	0	0	0	0	0	0	0	0	0	0	0	1
0	×	×	×	×	×	×	×	×	0	0	0	0	0

附录 2　部分常用数字集成电路引脚图

TTL 系列引脚图

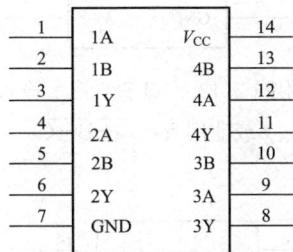

附图 2.1　74LS00 四 2 输入
与非门 $Y=\overline{AB}$

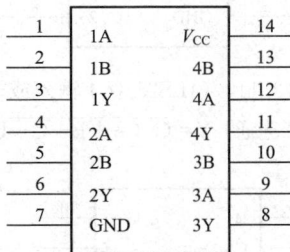

附图 2.2　74LS02 四 2 输入
或非门 $Y=\overline{A+B}$

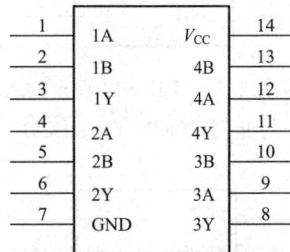

附图 2.3　74LS03 四 2 输入
与非门（OC）$Y=\overline{AB}$

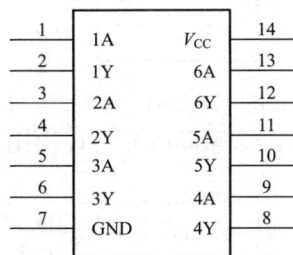

附图 2.4　74LS04 六反相器
$Y=\overline{A}$

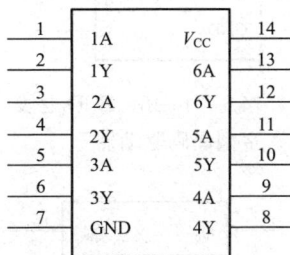

附图 2.5　74LS06 六反相器
（OC）$Y=\overline{A}$

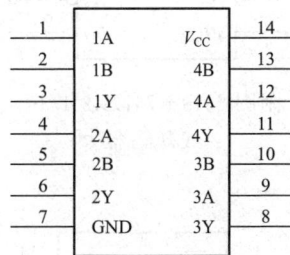

附图 2.6　74LS08 四 2 输入
与门 $Y=AB$

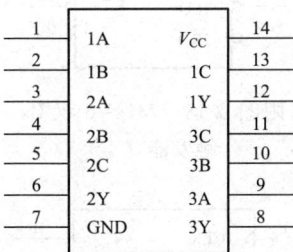

附图 2.7　74LS10 三 3 输入
与非门 $Y=\overline{ABC}$

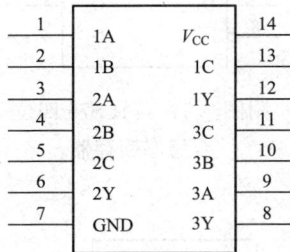

附图 2.8　74LS11 三 3 输入
与门 $Y=ABC$

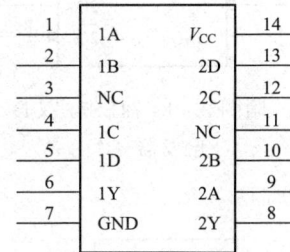

附图 2.9　74LS20 双 4 输入
与非门 $Y=\overline{ABCD}$

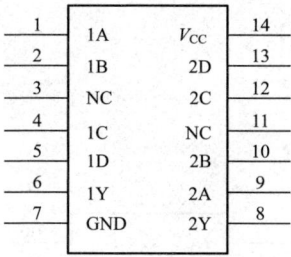

附图 2.10　74LS22 双 4 输入
与非门（OC）Y＝$\overline{ABCD}$

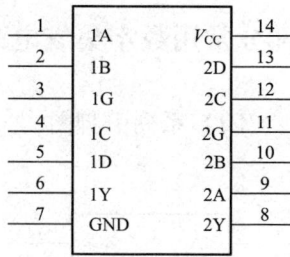

附图 2.11　74LS25 双 4 输入或非门
（带选通）Y＝$\overline{G（A＋B＋C＋D）}$

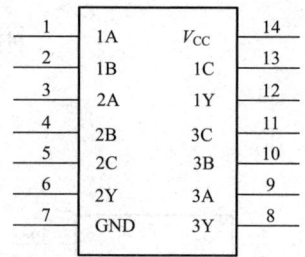

附图 2.12　74LS27 三 3 输入
或非门 Y＝$\overline{A＋B＋C}$

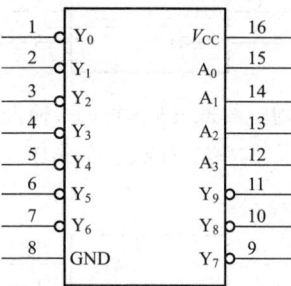

附图 2.13　74LS42 4/10
线译码器

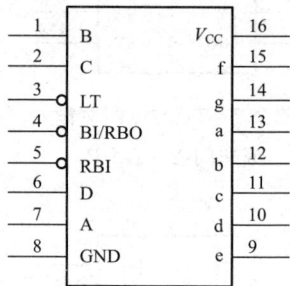

附图 2.14　74LS48　BCD 七段
字型译码驱动器

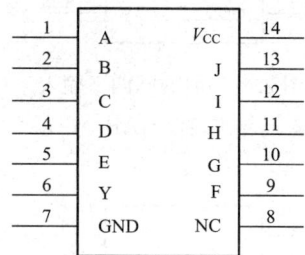

附图 2.15　74LS54　3/2/2/3 与
或非门 Y＝$\overline{AB＋CDE＋FG＋HIJ}$

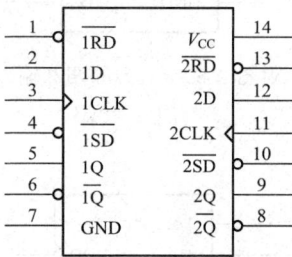

附图 2.16　74LS74 双 D
触发器（↑）

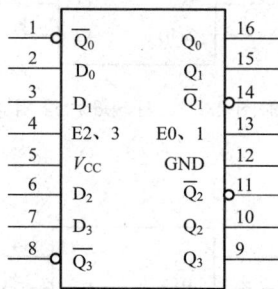

附图 2.17　74LS75 四位
双稳态锁存器

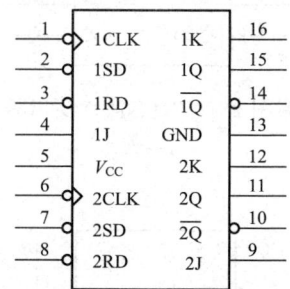

附图 2.18　74LS76 双 JK
触发器（↓）

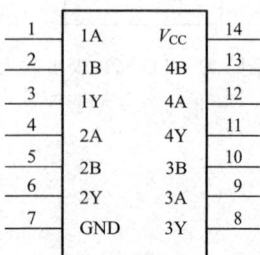

附图 2.19　74LS86 四 2 输入
异或门 Y＝A⊕B

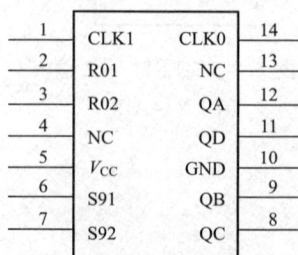

附图 2.20　74LS90 2－5－10 进制
异步计数器（↓）

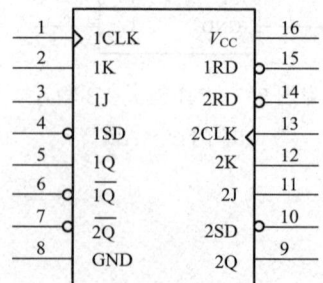

附图 2.21　74LS112 双 JK
触发器（↓）

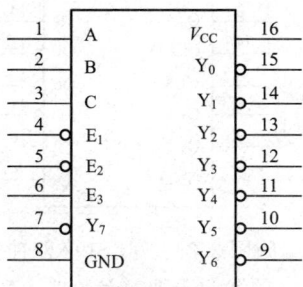

附图 2.22　74LS138 3/8 线
译码器/分配器

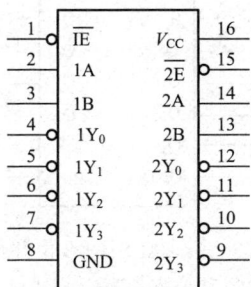

附图 2.23　74LS139 双 2/4 线
译码器/分配器

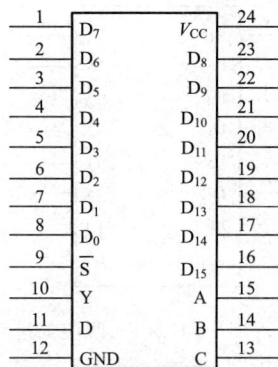

附图 2.24　74LS150 16 选 1
数据选择器/多路开关

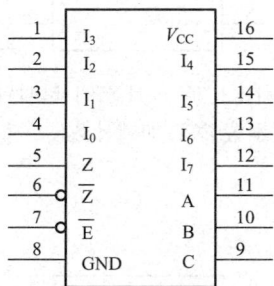

附图 2.25　74LS151 8 选 1 数据
选择器/多路开关

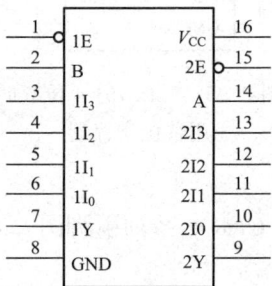

附图 2.26　74LS153 双 4 选 1
数据选择器/多路开关

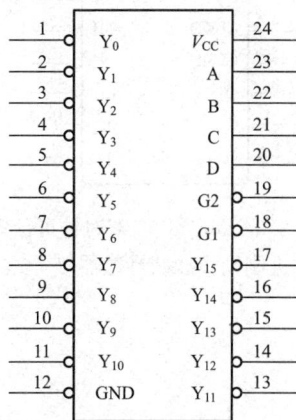

附图 2.27　74LS154 4/16 线译
码器/多路分配器

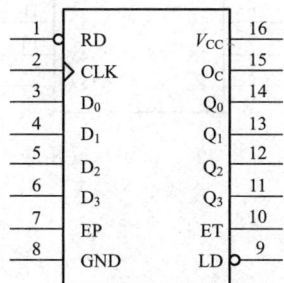

附图 2.28　74LS160 十进制同步
计数器（异步清零）

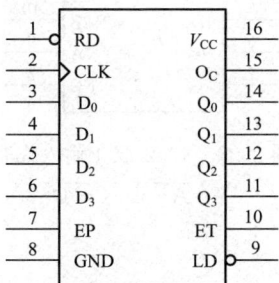

附图 2.29　74LS161 四位二进制同步
计数器（异步清零）

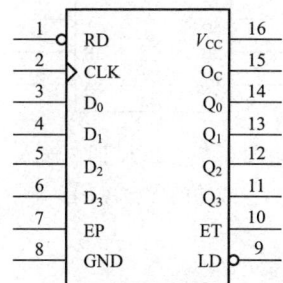

附图 2.30　74LS162 十进制同步
计数器（同步清零）

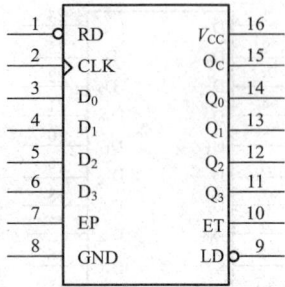

附图 2.31　74LS163 四位二进制同步计数器（同步清零）

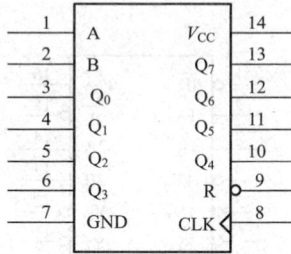

	左引脚	右引脚	
1	RD	V_{CC}	16
2	CLK	O_C	15
3	D_0	Q_0	14
4	D_1	Q_1	13
5	D_2	Q_2	12
6	D_3	Q_3	11
7	EP	ET	10
8	GND	LD	9

附图 2.32　74LS164 8 位并行输出串行移位寄存器（异步清零）

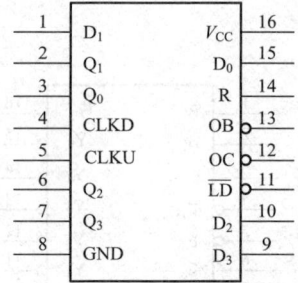

	左引脚	右引脚	
1	A	V_{CC}	14
2	B	Q_7	13
3	Q_0	Q_6	12
4	Q_1	Q_5	11
5	Q_2	Q_4	10
6	Q_3	R	9
7	GND	CLK	8

附图 2.33　74LS192 双钟可预置 BCD 加减计数器（↑）

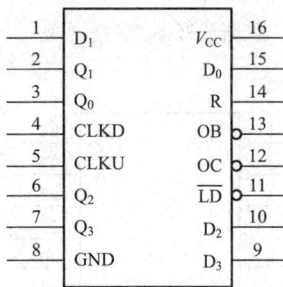

	左引脚	右引脚	
1	D_1	V_{CC}	16
2	Q_1	D_0	15
3	Q_0	R	14
4	CLKD	OB	13
5	CLKU	OC	12
6	Q_2	$\overline{LD}$	11
7	Q_3	D_2	10
8	GND	D_3	9

附图 2.34　74LS193 双时钟可预置二进制同步加减计数器（↑）

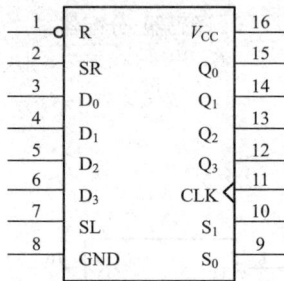

	左引脚	右引脚	
1	D_1	V_{CC}	16
2	Q_1	D_0	15
3	Q_0	R	14
4	CLKD	OB	13
5	CLKU	OC	12
6	Q_2	$\overline{LD}$	11
7	Q_3	D_2	10
8	GND	D_3	9

附图 2.35　74LS194 4 位双向通用移位寄存器

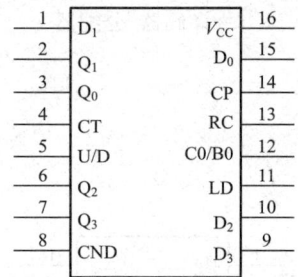

	左引脚	右引脚	
1	R	V_{CC}	16
2	SR	Q_0	15
3	D_0	Q_1	14
4	D_1	Q_2	13
5	D_2	Q_3	12
6	D_3	CLK	11
7	SL	S_1	10
8	GND	S_0	9

附图 2.36　74LS191 单时钟可预置 BCD 加减计数器（↑）

	左引脚	右引脚	
1	D_1	V_{CC}	16
2	Q_1	D_0	15
3	Q_0	CP	14
4	CT	RC	13
5	U/D	C0/B0	12
6	Q_2	LD	11
7	Q_3	D_2	10
8	CND	D_3	9

CMOS 系列引脚图

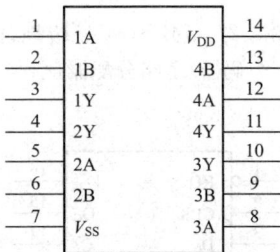

附图 2.37　4001 四 2 输入或非门 $Y=\overline{A+B}$

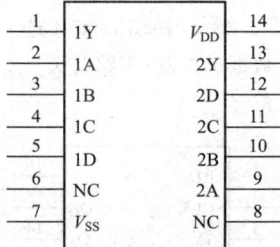

	左引脚	右引脚	
1	1A	V_{DD}	14
2	1B	4B	13
3	1Y	4A	12
4	2Y	4Y	11
5	2A	3Y	10
6	2B	3B	9
7	V_{SS}	3A	8

附图 2.38　4002 双 4 输入或非门 $Y=\overline{A+B+C+D}$

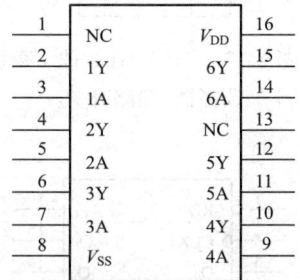

	左引脚	右引脚	
1	1Y	V_{DD}	14
2	1A	2Y	13
3	1B	2D	12
4	1C	2C	11
5	1D	2B	10
6	NC	2A	9
7	V_{SS}	NC	8

附图 2.39　4009 六反相缓冲/变换器 $Y=\overline{A}$

	左引脚	右引脚	
1	NC	V_{DD}	16
2	1Y	6Y	15
3	1A	6A	14
4	2Y	NC	13
5	2A	5Y	12
6	3Y	5A	11
7	3A	4Y	10
8	V_{SS}	4A	9

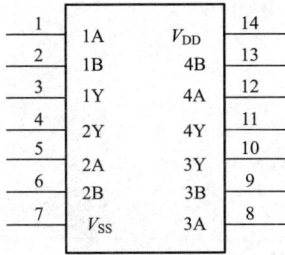

附图 2.40　4011 四 2 输入与非门 $Y=\overline{AB}$

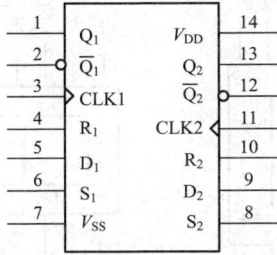

1	1A	V_{DD}	14
2	1B	4B	13
3	1Y	4A	12
4	2Y	4Y	11
5	2A	3Y	10
6	2B	3B	9
7	V_{SS}	3A	8

附图 2.41　4013 双 D 触发器（↑）

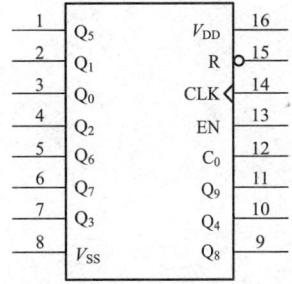

1	Q_1	V_{DD}	14
2	$\overline{Q_1}$	Q_2	13
3	CLK1	$\overline{Q_2}$	12
4	R_1	CLK2	11
5	D_1	R_2	10
6	S_1	D_2	9
7	V_{SS}	S_2	8

附图 2.42　4017 2-10 进制计数器/脉冲分配器（↑）

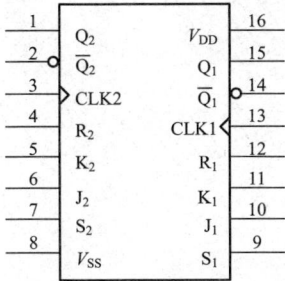

1	Q_5	V_{DD}	16
2	Q_1	R	15
3	Q_0	CLK	14
4	Q_2	EN	13
5	Q_6	C_0	12
6	Q_7	Q_9	11
7	Q_3	Q_4	10
8	V_{SS}	Q_8	9

附图 2.43　4027 双 JK 触发器（↑）

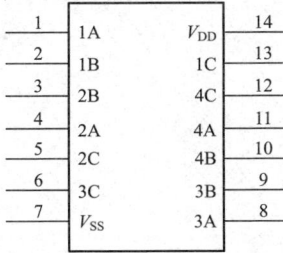

1	Q_2	V_{DD}	16
2	$\overline{Q_2}$	Q_1	15
3	CLK2	$\overline{Q_1}$	14
4	R_2	CLK1	13
5	K_2	R_1	12
6	J_2	K_1	11
7	S_2	J_1	10
8	V_{SS}	S_1	9

附图 2.44　4066 四双向模拟开关（$C=1$ 时 AB 接通）

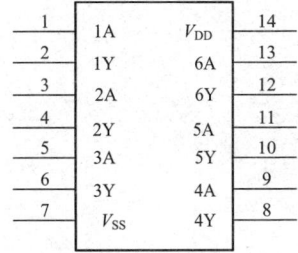

1	1A	V_{DD}	14
2	1B	1C	13
3	2B	4C	12
4	2A	4A	11
5	2C	4B	10
6	3C	3B	9
7	V_{SS}	3A	8

附图 2.45　4069 六反相器 $Y=\overline{A}$

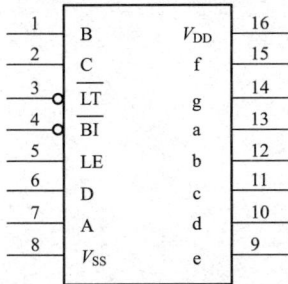

1	1A	V_{DD}	14
2	1Y	6A	13
3	2A	6Y	12
4	2Y	5A	11
5	3A	5Y	10
6	3Y	4A	9
7	V_{SS}	4Y	8

附图 2.46　4511 BCD 七段字型译码驱动器

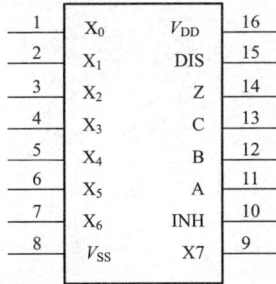

1	B	V_{DD}	16
2	C	f	15
3	$\overline{LT}$	g	14
4	$\overline{BI}$	a	13
5	LE	b	12
6	D	c	11
7	A	d	10
8	V_{SS}	e	9

附图 2.47　4512 8 路数据选择器

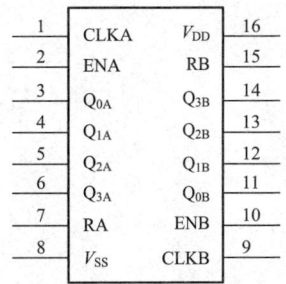

1	X_0	V_{DD}	16
2	X_1	DIS	15
3	X_2	Z	14
4	X_3	C	13
5	X_4	B	12
6	X_5	A	11
7	X_6	INH	10
8	V_{SS}	X7	9

附图 2.48　4518 双 BCD 同步加法计数器

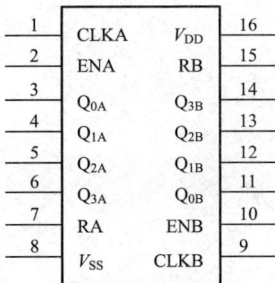

1	CLKA	V_{DD}	16
2	ENA	RB	15
3	Q_{0A}	Q_{3B}	14
4	Q_{1A}	Q_{2B}	13
5	Q_{2A}	Q_{1B}	12
6	Q_{3A}	Q_{0B}	11
7	RA	ENB	10
8	V_{SS}	CLKB	9

附图 2.49　4520 双四位二进制同步加法计数器

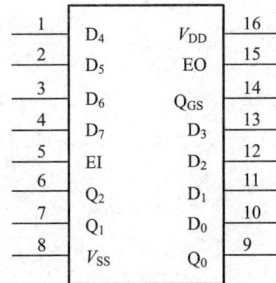

1	CLKA	V_{DD}	16
2	ENA	RB	15
3	Q_{0A}	Q_{3B}	14
4	Q_{1A}	Q_{2B}	13
5	Q_{2A}	Q_{1B}	12
6	Q_{3A}	Q_{0B}	11
7	RA	ENB	10
8	V_{SS}	CLKB	9

附图 2.50　4532 八输入优先编码器

1	D_4	V_{DD}	16
2	D_5	EO	15
3	D_6	Q_{GS}	14
4	D_7	D_3	13
5	EI	D_2	12
6	Q_2	D_1	11
7	Q_1	D_0	10
8	V_{SS}	Q_0	9

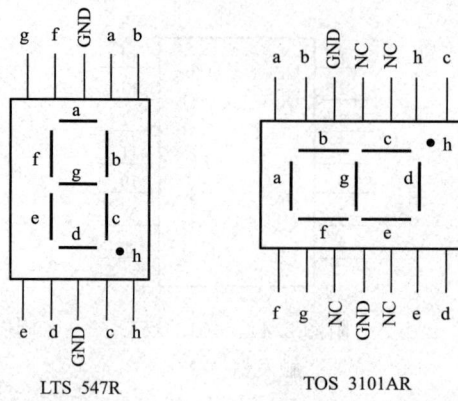

附图 2.51　常用共阴极 LED 数码引脚排列图

附录3　部分常用线性集成电路引脚图

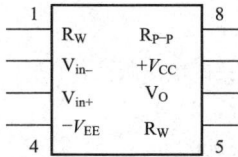

1			8
	R_W	R_{P-P}	
	V_{in-}	$+V_{CC}$	
	V_{in+}	V_O	
4	$-V_{EE}$	R_W	5

1			8
	V_{OB}	V_{CC}	
	V_{iB-}	V_{OA}	
	V_{iB+}	V_{iA-}	
4	GND	V_{iA+}	5

1			8
	GND	V_{CC}	
	$\overline{T_L}$	Ct	
	V_O	T_H	
4	$\overline{R_D}$	V_{CO}	5

附图 3.1　F007 通用运算放大器　　　附图 3.2　LM393 双电压比较器　　　附图 3.3　555 时基电路

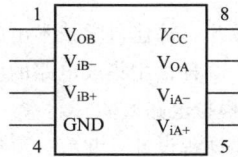

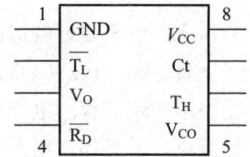

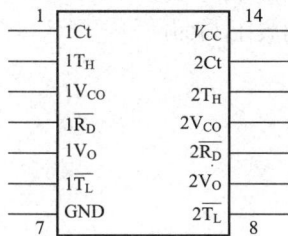

1			14
	1Ct	V_{CC}	
	1T_H	2Ct	
	1V_{CO}	2T_H	
	1$\overline{R_D}$	2V_{CO}	
	1V_O	2$\overline{R_D}$	
	1$\overline{T_L}$	2V_O	
7	GND	2$\overline{T_L}$	8

1			14
	1OUT	4OUT	
	1IN−	4IN−	
	1IN+	4IN+	
	V_{CC}	$-V_{EE}$	
	2IN+	3IN+	
	2IN−	3IN−	
7	2OUT	3OUT	8

附图 3.4　556 双时基电路　　　　附图 3.5　LM324 四运算放大器

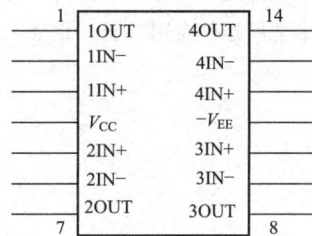

参 考 文 献

[1] 王乃成. 电子爱好者进阶读本. 福州：福建科学技术出版社，2003.

[2] 魏立君，韩华琦. COMS400 系列 60 种常用集成电路的应用. 北京：人民邮电出版社，1995.

[3] 沈小丰，余琼蓉. 电子线路实验-模拟电路实验. 北京：清华大学出版社，2008.

[4] 赵淑范，王宪伟. 电子技术实验与课程设计. 北京：清华大学出版社，2006.

[5] 康华光. 电子技术基础，数字部分. 4 版. 北京：高等教育出版社，2009.

[6] 罗杰，谢自美. 电子线路，设计·实验·测试. 4 版. 北京：电子工业出版社，2008.

[7] 郑长风. 电子技术基础课程设计指南，西安：西安工业大学出版社，2011.

[8] 陈汝全. 电子技术常用器件应用手册. 北京：北京理工大学出版社，1991.